菌類の森

日本の森林／多様性の生物学シリーズ──②

菌 類 の 森

佐橋憲生著

東海大学出版会

Story of Forest Fungi in Japan.
–Their Diverse Functions, Ecological Roles and Conservation–
Norio SAHASHI

Tokai University Press, 2004
ISBN4-486-01638-6

はじめに

森や林の中を散策することは実に楽しい。ことに芽生えが林床一面を覆いつくす早春のブナ林や黄色く色づいた落葉が厚く降り積もった秋のブナ林などは格別である。ブナ林に限らず森や林は季節ごとにさまざまな姿を私たちに提示してくれる。

私は野外を散策することは大好きで、仕事以外でも近くの森や林に出かけることが多い。最初のうちは、季節ごとに変わるその景色を楽しんだり、ぼんやり考え事をしたりしているのだが、そのうち、樹木の葉にできた斑点（樹木の病害）や倒木上に生えているサルノコシカケ、あちらこちらでその存在を主張しているさまざまな色や形をしたきのこが気になり出す。珍しい病気がないだろうか、どこかに見たこともないきのこが生えていたりしないだろうかなどと「かび」や「きのこ」の仲間（菌類）の存在やその生活の形跡を探すのに夢中になる始末である。かびやきのこに限らず、虫でも植物でも何かおもしろい物が見つかると、しばらくじっと眺め、それについていろいろ思いを巡らしてみたり、写真に収めたりとしているうちに、一頻りの時間がすぎていく。知らず知らずのうちに生き物に夢中になっているのである。

私と同年代の人は、おそらく似たような経験を持っているに違いない。考えてみれば、私たちの子供の頃は野外に出て遊ぶことが多く（というよりは、雨でも降らない限り好んで屋外で遊んだ）、近所の里山や原っぱ、小川に出かけ、昆虫や草花などしばしば身近にいる生き物を遊びの対象とした。

そこは、虫取りをしたり草花と戯れたりする場所というだけではなく、ありとあらゆる遊びの場所、近所の子供たちとのコミュニケーションの場所でもあった。とにかく子供の頃は、野外で遊び回った記憶しかない。

私が自然科学、なかでも生物学の研究という職業を選択したのも、おそらくはこのような原体験、それから派生する自然観などが大きく影響している。

そして現在、かびやきのこなど、ほとんどの人が気にもとめず、仮に気にとめたとしても「ものを腐らせる汚いもの、病気の原因となる悪いもの＝黴菌（ばいきん）」としてしか認識されない、いわゆる「菌類」の研究を楽しんでいる。楽しみついでに、自分の能力も省みず、本書の執筆を引き受けてしまった（といえば聞こえが良いが、実は楽しんでいる余裕などほとんどない）。

本書では、菌類（とくに森林（もり）の菌類）について、人々の生活との関わりにもふれながら、さまざまな視点から、現在までに明らかになっている事柄について紹介しようと思う。もとより菌類の立場からすれば、不完全で、不満のあるものに違いない。とはいえ、多くの人には馴染みのうすい菌類の生活や機能、その保全の問題などを、完全ではないにしろ紹介することは、あながち無駄な作業ではないだろう。

多くの方々が菌類に対して親しみを感じ、そして、今までとは違う視点で菌類に接していただけたら、とてもうれしく思う。

目次

1章
森の構成者としての菌類

1　森林生態系における微生物

1・1　私たちの暮らしと森林

近年、森林の持つ機能が再認識されてきている。人類は、古くから、建築用材や燃料、肥料として樹木を利用するなど、さまざまな形で森林の恵みを享受してきた。

狩猟採取時代はもちろんのこと、比較的近年まで、山間地に住む人々はクリやブナ、トチの実、コナラやミズナラ、カシワなどのドングリ（図1‐1）を食料として利用してきた事実があり、飢饉の際には、飢えに苦しむ農民の重要な糧であったという。

昭和三〇年頃まで、森や林は農山村の生活に深く根ざしており、非常に身近な存在であった。石油などの化石燃料が一般的ではなかった時代、いわゆる「薪炭林」から得られる薪や木炭は、ほとんど唯一の主要な燃料であった。当然のことながら、その林はいつもきれいに手入れされており、子供たちの格好の遊び場でもあった。このようにほんの数十年前まで、子供たちは、当時いたるところに残っていた野山をかけめぐり、虫や山野草とたわむれ、それらを遊びの道具とすることにより、森や林のことを学び、それに親しんできた。また、きのこや山菜狩りは農山村に暮らす人々の季節感あふれる娯楽であったはずである。

人々の暮らしが格段に向上した現在では、用材の生産や水源涵養機能のみならず、特異的な景観の保全、遺伝資源の保存やさまざまな野生動植物の生息場所、レクリエーションや自然体験の場の提

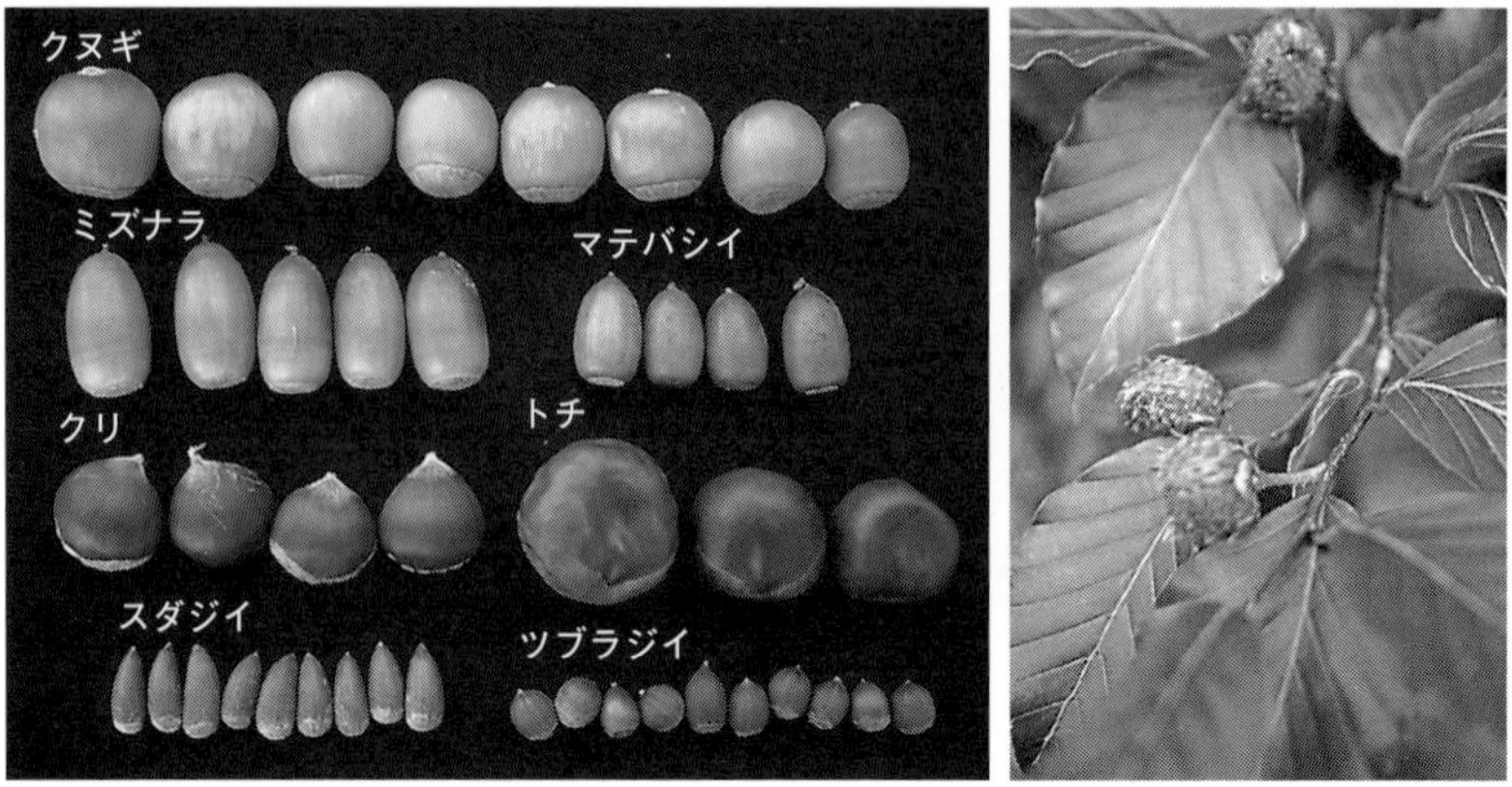

図 1-1　森の木の実
農山村に住む人々は古くから木の実を食料として利用してきた。左：森で得られるさまざまな木の実、右：豊作年に実をつけたブナ。

供といった森林の持つさまざまな役割にも関心が持たれるようになってきている。すなわち、現在に生きる人々においては、森林との関わり合い方が大きく変化し、その重要度が以前とは別な意味で、ますます大きくなってきている。同時に、森林の公益的機能などと聞くにおよんでは、かつて（つい最近まで）人々が慣れ親しんできた自然との関わり合い方に回帰しているようにも見える。

私たちが森林に対して抱くイメージは、経験や森林との関わり合いの程度によって大きく異なっており、それに期待するものも千差万別といってよい。しかしながら、森林というものを自分のイメージとは違った角度から眺め、理解を深めることも必要である。

世の中、時には勉強も大切である。これは読者に対する呼びかけと同時に自分自身を戒める言葉でもある。

1・2　森林の中の菌類

ところで、私が専門とするのは、ほとんどの人がふつうは気にもとめない微生物、[2] とくに一般には「かび」といわれる菌類（fungi）で、最近では、それらの菌類が森林の中でどのように生活し、何をしているのだろうかと日々考える毎日である。いわば「森林の日陰者」の研究をしており、それらの生き様をできるだけ多くの人に知ってもらいたいと思っている（実際にはわかっていないことの方が多いけれど）。つまり、それらを陽の当たるまっとうなところに出してやろうと考えている（図1－2）。

森林の中には、その主要な構成者であるさまざまな樹木の他にも、主に下層植生を構成する草本植

＊　＊

1　森林が持つ木材生産機能以外のさまざまな機能の総称で、保健休養機能（たとえばレクリエーションの場の提供）、自然環境保全機能（野生動物の生息地など）などからなる。森林がさまざまな機能を持っているという認識は、現在ではなかば常識的になりつつある。しかし、つい最近までは、森林の機能といえば木材生産機能ととらえられることがほとんどであった。現在では木材の生産などの物質生産機能も含め、森林の多面的機能と表現されることが多く、生物多様性保全機能、地球環境保全機能、土砂災害防止／土壌保全機能、水源涵養機能、快適環境形成機能、保健・レクリエーション機能、文化機能の八種の機能に分類されている。

2　肉眼では観察できないような非常に小さな生物に対して便宜的に使われる。しかし、使用する人によりそれが示す範囲が異なり、どの範囲までを微生物とするかの境界は明確なものではない。通常、細菌（バクテリア）、菌類（糸状菌・酵母）、単細胞の藻類、原生動物などを指すが、ウイルスを含める場合も多い。本書では、微生物の中でもいわゆる「菌類」の仲間である「かび」や「きのこ」を中心に話を進めることが多い。

物、哺乳類や鳥類、昆虫などに代表される動物、きのこやかび、酵母などの菌類や細菌（バクテリア）など多種多様な生物群が生息している。これらの生物は、それぞれが自分勝手に生活しているわけではなく、相互に影響をおよぼしながら生態系というシステムを構築している。すなわち、生態系は生物相互間のきわめて巧妙で複雑なネットワークのうえに成り立っているといえる（図1－3）。なかでも微生物は、きのこを形成する高等菌類など一部の菌類を除き、私たちが直接目にする機会は

図 1-2　森の日陰者
森や林の中には多くの菌類が人目につくことなく生息しており、さまざまな役割を担っている。

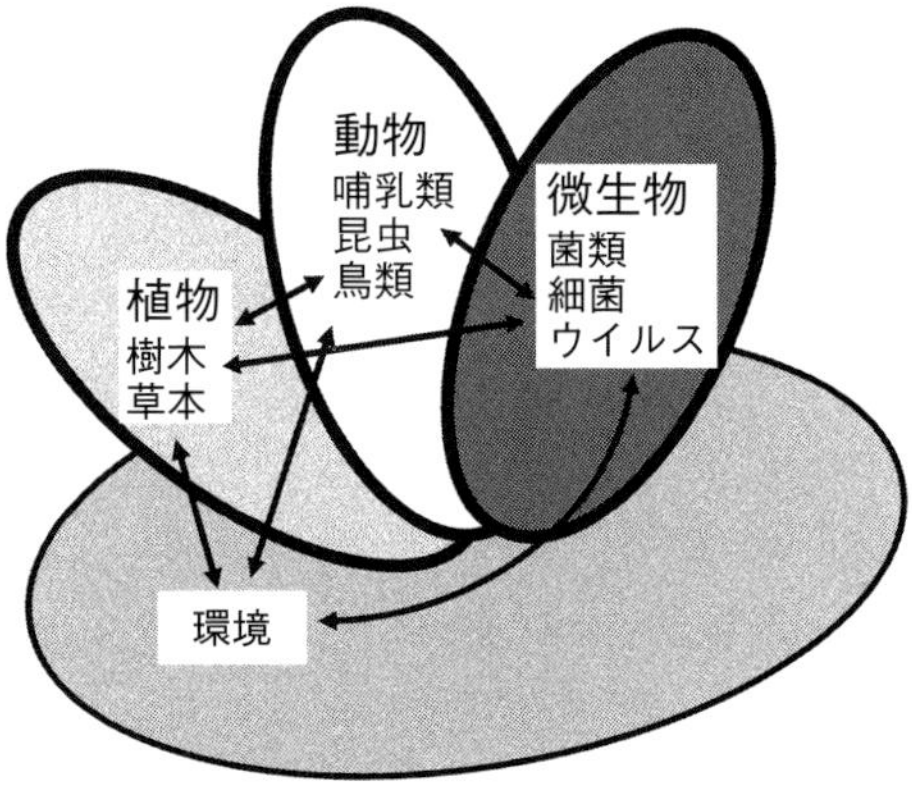

図 1-3　森林生態系を構成する生物

少ないが、森林生態系の構成者として確固たる地位を得ており、そのシステムが健全に維持され、機能するためにはなくてはならない重要な存在である。

これからしばらくの間、菌類を中心とする微生物が森林とどのように関わっているかを概観してみたい。

2　そもそも菌類とは

2・1　生物八界説と菌類

生物八界説と聞くと、とてつもなく難しい哲学の話のように思われるかもしれないが、私たちが生物界をどのように認識しているかに関連するけっこう重要な問題である。しばらくの間、森林の菌類の話から逸脱することをお許し願い、現在、生物界がどのように認識され、そのなかで菌類がどのように位置づけられているのかを、時間軸とともに探ってみたい。

たいていの人は菌類と聞いて、かびの仲間なら当然植物であると思われるだろう。どうやら現在でも、多くの人々の認識は、きのこやかびは植物の仲間である、というものらしい。

私たちは古くから生物を植物と動物の二つに分けて認識してきた（二界説）。おそらく「動くもの」と「動かないもの」という認識をしてきたのだろう。かくいう私も、小さい頃から、何となく似てるからというとんでもない理屈（実際にはそんなに似ているというものでもない）から、かびなどはコケと一括りにして、少々変わり者ではあるが、下等な植物の仲間であると漠然と信じ込んでいたものである。しかしながら科学の進歩に伴い、この認識も徐々にではあるが大きく換えられつつある。

植物と動物からなる二界説は、顕微鏡などの観察技術が進歩し、今まで見たこともなかった微生物の世界が発見されると、これまでの二界に原生生物界（プロティスタ Protista）を加えた三界説へと発展する。さらに、原核生物と真核生物の区別[3]がなされ、その体制の違いが生物にとって大きな意味があることが認識されるにいたると、細菌（バクテリア）などの原核生物からなるモネラ界が第四の分類群として提示され、受け入れられてきた。しかしながら、菌類は独立した分類群とは認められず、相変わらず原生生物界の中の一群とされたままであった。

この四界説を発展させ、ホイッタッカー（Whittaker, R. H.）が提唱したのが五界説である。五界説では真核生物を栄養摂取の様式などに基づき再分類し、新たに菌（類）界を分けて独立した界としている。ここにいたり、初めて菌類が植物などとはまったく違う生物群として認識されるようになった。すなわち菌類は植物でも動物でも細菌などのモネラでもない、まったく独立した体制を持つものとして認識されるようになったのである。

菌類は一言でいってしまえばかびやきのこの仲間ということができるが、酵母や粘菌類（変形菌類）なども菌類に含まれるなど、かなり多様な生物の総称である。五界説では、ほとんどの菌類は菌界におかれている。しかしながら、卵菌や変形菌などについては菌界におくことの妥当性が問われていたし、原生生物界の取り扱いについても、系統的にさまざまな生物が含まれているなど問題が多かった。

近年、分子系統学やそれに関連する研究分野が著しく発展し、生物の系統進化が今まで以上に明らかになってきている。その成果を取り入れてカバリエ - スミス（Cavarier-Smith, T.）により提唱

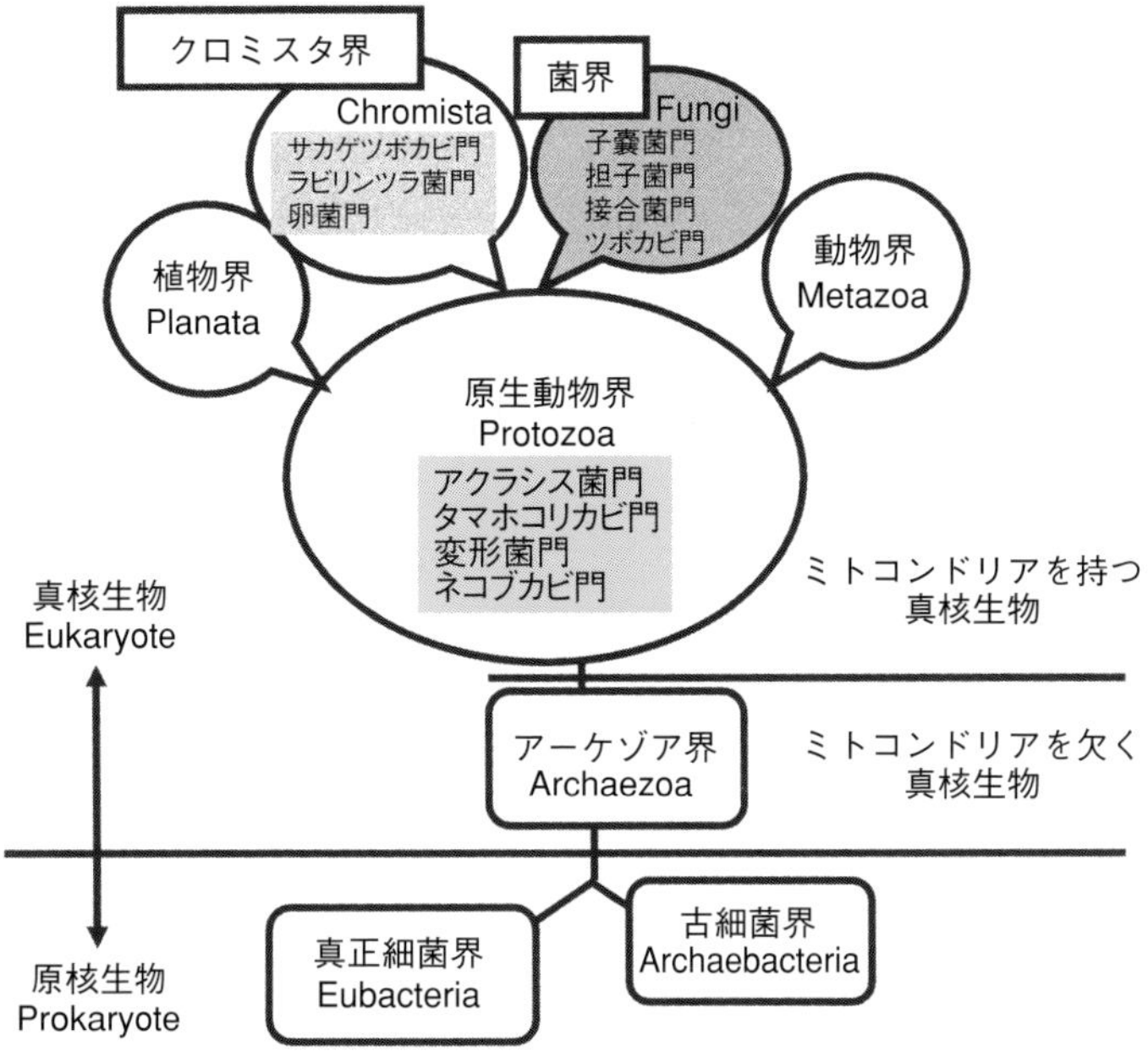

図1-4　生物八界説と菌類（柿嶌、2001）を改変。

されたのが八界説[4]である（図1-4）。これによれば、真核生物はミトコンドリアを

＊　＊

3 生物は遺伝物質（DNA）の入れ物としての核が、核膜によって細胞質と隔てられ、構造的に隔離された体制を持つ真核生物（eukaryote）と、核膜がなく裸の遺伝物質が構造的に細胞質と区別されず、いわゆる核様体として、細胞質内部に存在している原核生物（prokaryote）に区別される。

4 8界説を提唱したカバリエ-スミス博士は、現在では生物全体を6界に分ける立場（6界説）をとっている。すなわち、8界説のアーケゾア界（ミトコンドリアを持たない真核生物）の多くのものに、ミトコンドリアに特有の遺伝子の痕跡が認められることなどから、この界を認めず、また、原核生物の2界をバクテリア界（ユニバクテリア亜界とネギバクテリア亜界からなる）だけに再構成した。なお、博士は第20回国際生物学賞を受賞され、その業績などがマスコミで報道されたので、ご存じの方も多いだろう。関心のある方は巻末の参考文献にある井上　勲（2005）や、かなり専門的になるがCavalier-Smith T. (1998) が参考になる。

持つ動物（Metazoa）、植物（Planta）、原生動物（Protozoa）、五界説の原生生物界に相当）、クロミスタ（Chromista）、菌（類）（Fungi）、およびそれを持たないアーケゾア（Archaezoa）の六界、原核生物は真正細菌（Eubacteria）と古細菌（Archaebacteria）の二界に分けられる。いわゆる菌類は菌（類）界の他にも粘菌（変形菌類）やネコブカビの仲間が原生動物界に、サカゲツボカビ類や疫病菌、べと病菌などの植物病原菌が含まれる卵菌類などがクロミスタ界に分類されている。

少々難しい話になってしまったようで恐縮ではあるが、ここでは菌類が一つの分類群として認識されるようになったこと、多様な生物群からなる（いわゆる）菌類の一部がより合理的な分類群に位置づけられたことを理解していただければ幸いである。

樹病学（森林病理学）に生態学的な視点を取り入れた先達の一人に今関六也博士がいる。彼は当時の生物学界が、生物を動物と植物の二界としてとらえる認識しかしていなかったにもかかわらず、生態学では生物をその機能面から生産者-消費者-分解者（還元者）の三群に分け、それぞれを担当する生物群に植物-動物-微生物（菌類）をおいていることに驚くとともに深く感銘し、菌類も独立した分類群として認識する必要を強く感じたという。樹病学に身を置き、生活の糧としている筆者も、先達の慧眼に素直に敬意を表したい。

2・2　菌類の生活

菌類は実際にはどのような生活をしているのだろうか。菌類は前述したように一般にはかび（糸状菌）とよばれる仲間で、きのこも菌類の仲間である。もう少し厳密にいうと、光合成色素を欠き、外部から栄養を吸収する従属栄養[5]によって生活している真核生物の一群が菌類と総称されるもので、一般には菌糸とよばれる糸状の形態をした栄養体ときわめて多様な形態からなる胞子とよばれる繁殖体を持ち、旺盛に生育し繁殖する。これらの菌類は、極地を含む地球上のいたるところに生息しており、もちろん、われわれの身のまわりにもごくふつうに存在している。

菌類は一般には植物遺体（有機物）の分解者であり、生態系の中で炭素や窒素など物質の循環やエネルギーの流れに大きな役割を果たしている。もし、森や林の中に菌類がいなければ、枯れて落ちた枝や葉、台風などで倒れた倒木、動物などの遺体がまったく分解されず、積もり重なって、瞬く間に枯れ木（生物遺体）の山ができあがってしまう。このように、菌類は一般的には腐生的な分解者であるが、生きている植物に寄生して病気を起こしたり（生体分解）、他の生物と共生したりして生活しているものも多い。

菌類はその栄養摂取形態から次のように区分される（表1-1）。死んだ細胞や有機物からのみ養分摂取が可能な菌類が腐生菌（saprophyte）であり、家庭で野菜やパンなどに一般的に見られるかびはほとんどのものがこの仲間である。これらの腐生菌は、前述したように自然界の物質循環に大きな

* *

5　自らは有機物を作ることができず、他の生物によってすでに作られた炭水化物などの有機物に炭素源を依存している栄養様式で、そのような栄養様式をとる生物を従属栄養生物という。すべての動物や菌類は、たとえば植物のように光合成を行って炭水化物を合成することができないため、この栄養様式をとる。

表 1-1　菌類の栄養摂取様式と病原性

区分	栄養摂取様式	腐生（競合）能力	病原力（性）、寄生性の分化
腐生菌	生物の死体などの有機物からのみ栄養摂取が可能。	腐生能力のみ	基本的に病原性はないが、宿主が何らかの要因で衰弱した場合に日和見感染を起こすことがある。
条件的寄生菌*	主に腐生生活をしているが条件によっては植物に寄生し、栄養摂取を行うことができる。	腐生能力強	病原力は弱い。寄生性は分化していない場合が多く、多犯性のものが多い。
条件的腐生菌	主に植物に寄生して生活しており宿主に対する依存度は高いが、条件によっては腐生生活を行うことができる。	腐生能力弱	病原力は中〜強。寄生性を分化しているグループもある。
絶対寄生菌	生きた植物からしか養分を摂取することができない。人工培養はきわめて難しい。	腐生能力なし	寄生性が分化している場合が多く、宿主特異性が高い。

*条件的寄生菌と条件的腐生菌は宿主の組織を酵素や毒素などで殺し、その死んだ部分から栄養を摂取するので、殺生菌とよぶ場合もある。

役割を果たしている。主に腐生生活をしているが、条件によっては生きた生物（宿主、host）から養分を摂取する生活様式を持つものを条件的寄生菌（任意寄生菌、facultative parasite）とよぶ。逆に生活の大部分は宿主に寄生しており、宿主に対する依存度が高いが、条件によっては腐生生活を営めるものを条件的腐生菌（facultative saprophyte）とよぶ。絶対寄生菌（obligate parasite）は生きた生物体からしか養分を摂取することができない生活様式を持つもので、さび菌など一部のものを除き、今のところ人工培養することはできない。しかしながら、栄養の取り方は連続したものであり、厳密に境界をもうけることは難しい。

　これらのうち腐生菌を除いては植物に寄生して栄養を摂取することができ、病気を引き起こすことができる。また腐生菌であっても、植物が何らかの原因によって衰弱した場合は、日和見的に感染[6]し病気を引き起こすこともある。

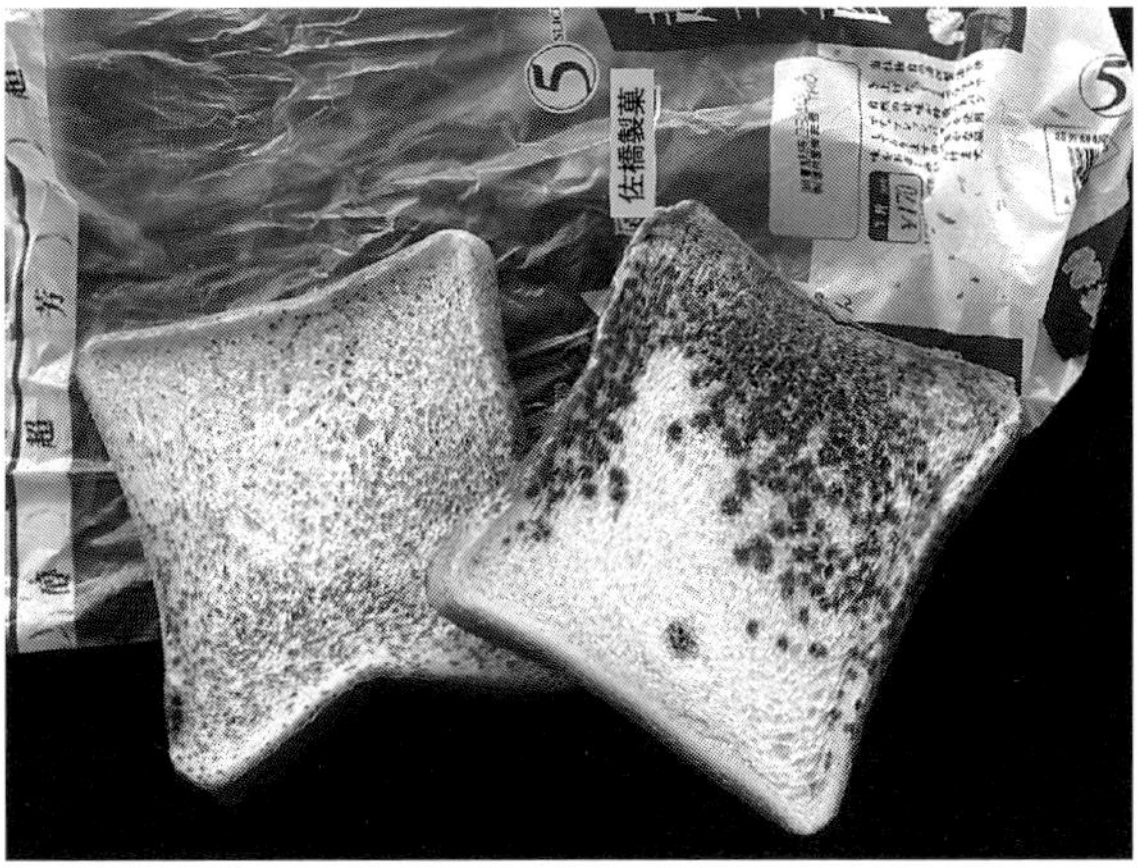

図 1-5　食パンに発生したかび
かびは私たちの身近なところに多数生息しており、台所や浴室、押し入れなど湿度の高いところには必ず発生する。

菌類も人間と同じで、養分の摂取方法一つとってみても、かなりしたたかに生活していることに驚きを隠せない。

2・3　暮らしの中の菌類

さて、菌類とは何者なのか少しはおわかりいただけただろうか。もう少し具体的にイメージしてもら

＊　＊

6　さまざまな原因で植物（動物）の病原体の感染に対する抵抗力が極端に落ちると、本来その植物（動物）種に病気を引き起こす能力がない、または病原力がきわめて弱い微生物が感染し、病気を引き起こすことがある。これを日和見感染とよんでいる。ヒトの場合でも、免疫抑制剤の使用やエイズなどで免疫機能が低下した場合、健康な人は決して罹ることがないカリニ原虫に感染して肺炎を発症したり、スエヒロタケ（*Schizophyllum commune* きのこの仲間）やアスペルギルス属菌（*Aspergillus fumigatus* など）が肺や気管に感染し炎症を起こすことがある。

表 1-2　住環境に生息するかび

室内環境	かびの量
ハウスダスト	10万～1千万個 /g
大気中	3～30個 /10分間*
ふとん表面	10～100個 /100 cm^2
着衣	10～100個 /100 cm^2
じゅうたん、カーペット	100～10万個 /100 cm^2
たたみ	10～1000個 /100 cm^2
フローリング	10～100個 /100 cm^2

＊培地の入った径9 cmのシャーレを10分間、室内の空気に暴露し、培養後に出現したコロニーの数。（高島 1999；山口英世企画、特集・かびの世界と暮らし）を改変。

うために、森や林の菌類の話に先立ち、私たちの身近なところで見られる菌類、いわゆる「かび（糸状菌）」について述べてみたい。

かびと聞いて多くの人がイメージするのは食品に生えるものだろう。パンや餅に生える赤色や青色をした気持ち悪いやつである（図1-5）。見方によっては美しいと感じる人もいるかもしれない。梅雨の時期になるとパンなどはもちろんのこと、ちょっと油断していると野菜や果物などいろいろなものにすぐに生えてくる。また、押し入れや台所、浴室など湿度の高い場所はかびの好きなところで、このような場所には注意していても必ずといっていいほど発生する。

あまり目につくことはないが、かびはこれら以外の場所にも生息している。たとえば掃除機から回収したハウスダスト一グラム中には一〇万から一〇〇〇万個ものコウジカビ（*Aspergillus* spp.）やアオカビ（*Penicillium* spp.）の仲間、クラドスポリウム属菌（*Cladosporium* spp.）などの胞子が見つかる。もちろんこれらは畳や絨毯などにも生息しており、畳では一〇センチメートル四方に一〇から一〇〇〇個、絨毯やカーペットでは一〇〇～一〇万個も見つかるという（表1-2）。

このように私たちの生活環境のいたるところに多くのかびが住み

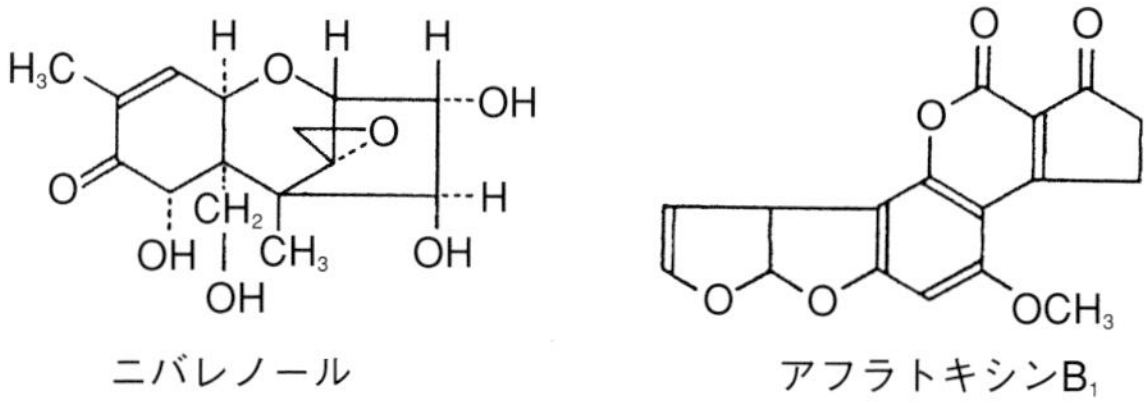

図1-6　マイコトキシン（かび毒）の構造
ニバレノールはフザリウム属菌が、アフラトキシンB_1はアスペルギルスフラブスの作る代表的なかび毒である。

着いている。最近では、これらのかびが原因のアレルギー患者も多く、社会問題となりつつある（ちなみに私はアレルギーとは無縁であると思っていたが、引っ越しで本などの荷物を整理するたびに、手足がかゆくなったり、鼻がつまったりするため、医者に相談したところ、ハウスダストに対するアレルギーを有することが判明した）。今日、家屋の機密性が良くなり、一昔前に比べれば住むには格段に快適であるが、一方でかびにとっても好適な環境を提供することになり、その発生を助長するという皮肉な結果を引き起こしている。

かびはまた農作物や街路樹などにさまざまな病気を引き起こす病原菌でもある。植物の病気の中でも、かびが引き起こす病気が圧倒的に多く、農家にとっては非常にやっかいな存在である。家庭菜園を楽しむ人にとっても少しばかり気になる存在であるかもしれない。場合によっては農作物が壊滅的な被害を受け、まったく出荷できない場合もある。かびの病気を予防したり防除したりするため、農家では毎年かなりの量の農薬を使用しており、そのコストや散布にかかる労力はなみたいていのものではない。また、植物に病気を起こすかびの中にはマイコトキシン（mycotoxin）とよばれるかび毒（図1-6）を産生するものがあり、とくに *Aspergillus flavus*（アスペルギルスフラブス）の作るアフラトキシンや*Fusarium*（フザリウム）属菌が作るトリコテセン類は、落花生、ムギ類やトウモロコシなどの穀類から検出され、家畜の飼料として使用する場合や人々が食料として利用する際に食品衛生上問題となることも多い。

このように、私たちはかびといえば悪い印象しか持たないし、実際に困りものではある。しかし他方、かびは私たちがふだん慣れ親しんでいる食品の製造に利用されていたり（2章、3・1）、医薬品として重要な抗生物質などを作ったりする（2章、4・1）。味噌や醤油、鰹節などはかびの持つ能力をうまく利用することで、独自のうまみと香りを醸し出している。ペニシリンやセファロスポリンなどの抗生物質はかびが作り出す代謝産物であり、抗生物質なくしては現代の医療は成り立たない。

かびというと悪いイメージしか思い浮かばないが、実際には人にとって有益な働きも兼ね備えているのである。私たちは食品にかびなどの微生物が作用した場合、人間にとって有益な場合は「発酵」とよび、異臭を放つなどして有害な作用である「腐敗」と区別してきた。かびといえども悪さばかりしているのではなくて、自然界では人間にとって有益なことも含め、さまざまな働きをしているという視点に立つと、かびやきのこなど「日陰者」と楽しくつきあえるかもしれない。

3　樹木と菌類の関わり

3・1　樹木と菌類の密接な関係

先に述べたように、私たちの身のまわりには多数の微生物が生息している。部屋の中の埃などはも

図1-7　ブナ葉内部に生息する菌類
左：野外から採集してきたブナ葉、右：ブナ葉内部から出現した菌類（内生菌）。植物の葉などを表面殺菌した後、小片に切り分け培地上で培養してやると、葉組織内に生息している菌類を分離することができる。

ちろんのこと、呼吸している空気の中にもかびの胞子や菌糸の破片が多数浮遊しているし、体の表面にも多くの菌が常在している。もちろん、本書の対象である森林にも、菌類を主とする多数の微生物が存在しており、樹木などはいわば菌類まみれといっても過言ではない。

たとえば、外見的には健全に見える植物の葉を水で洗い、その水洗液を微生物が繁殖するのに適した培地[7]に流し込んで、適当な温度を保ちながら培養してやると、酵母や細菌、かびなど多くの微生物が生育してくる。さらに植物の葉を表面殺菌し、表面についている微生物を殺した後、その組織片を培養してやると、植物内部で密かに生存している菌類（内生菌＝エンドファイト）も分離することがで

＊　＊

7　微生物を培養するために必要な各種の栄養物の混合物。培養基ともいう。一般に微生物の培養には糖や窒素源などの栄養を溶かした液体培地や、これを寒天で固めた寒天培地を使用する。菌類の培養には、ジャガイモの煮汁にブドウ糖あるいはショ糖を加え、寒天で固めたジャガイモ煎汁寒天培地（ＰＤＡ）などが広く用いられる。

きる（図1－7）。このように、植物の表面や内部、植物が生活している環境にも、多くの菌類が生息している。したがって、植物は自分自身の表面、内部、あるいはその生活環境に生息している菌類などの微生物とつねに関わり合いながら生活しており、その影響はとうてい無視できるものではない。当然、それらがどんな影響を樹木や森林に与えているのか知りたくなるのが人情であり、研究者の性でもある。「日陰者」に光を当ててやろうと思うわけである。

近年、菌類が引き起こす病気はもちろんのこと、菌根菌やエンドファイトなど、樹木と密接に関わりを持ちながら生活している菌類についての研究が進んできている。

3・2 樹木病害

ふだん、私たちはあまり意識しないで樹木を見ている。しかし、注意深くあたりを見回してみると、葉に茶褐色の斑点ができていたり、一部の枝が枯れて落葉してしまっていたり、幹に瘤ができていたりする樹木が身近なところに存在していることに気づく。日本の春を代表する桜、ソメイヨシノの開花時期に、一部の枝だけが花を咲かすことなく小さな葉をたくさんつけ、まるで鳥の巣が架かったような状態（てんぐ巣病、図1－8）になっているのを不思議に思った人も多いだろう。これは植物が病気にかかっている目印（病徴）である。私たちは知らず知らずのうちに、植物の病気を見ている場合も多い。

人間が病気にかかるのと同様、当たり前のことではあるが、樹木を含む植物も病気にかかる。植物はどこかが痛いなどといって泣き叫んだりはしないだけで、葉や幹、枝はもちろんのこと、根や花な

図1-8　サクラてんぐ巣病
本病に侵されると枝は叢生し、葉も小型化するため、遠目には鳥の巣がかかっているように見える。罹病枝は、開花時期に花を咲かすことはなく、小型の葉を多数着けるので、この時期は特に目に付きやすい。森林総合研究所　秋庭満輝氏提供（右写真）

どあらゆる器官がさまざまな原因で病気に侵される。

植物がさまざまな原因で、その形態や機能に異常をきたすのが「病気」であり、その用語はつねに「健全」との対照で使われる。病気を引き起こす要因は多岐にわたるが、大きく非生物的要因と生物的要因に分けられる。非生物的要因は大気汚染や養分欠乏、気象害などで、まわりの植物にうつることのない非伝染性の病害である。一方、生物的要因は菌類、細菌（バクテリア）、ウイルス、藻類、顕花植物などさまざまな生物が関与しており、伝染する病気である。この場合、非生物的要因は発病を助長する役割を果たす場合が多い。

一般に病気といった場合は、生物的要因によって引き起こされる伝染病を指す場合が多く、その症状、あるいは特徴的な外観や形態（病徴）によって、枝枯病、瘤病、さび（錆）病、うどんこ病などの病名がつけられている（図1-9）。ヒトの病気の多くのもの、たとえば風邪や下痢などが、細菌やウイルスによ

図 1-9　樹木に発生したさまざまな病害
A：マダケ類赤衣病（さび病）、B・C：カマツカ赤星病（さび病）、D：ビャクシンさび病、カマツカ赤星病の中間宿主上での病徴、E：アラカシうどんこ病、F：モクマオウうどんこ病、G：ヒメユズリハ瘤病（細菌による）秋庭満輝原図、H・I：キリてんぐ巣病（ファイトプラズマによる）。

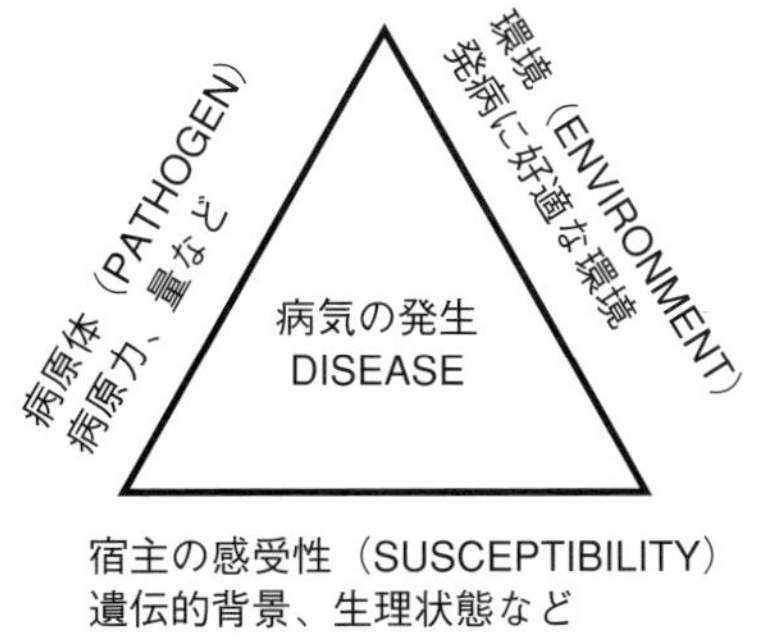

図 1-10　発病のトライアングル
宿主（素因）、病原体（主因）、環境（誘因）の 3 要因が発病に好適な条件に傾いたとき、病気が発生する。

って引き起こされるのとは対照的に、植物の病気ではその約八割が菌類によるものであるといわれており、当然のことながら樹木でも菌類による病害が大きな割合を占めている。菌類の働きの中でも、病気を起こすという事実は、比較的早くから注目されてきたもので、病原菌を扱った研究はその他のものに比べ圧倒的に多い。

　このように病気の主因（直接的な原因、病原体）は菌類などの微生物であるが、これらの微生物が植物に感染しても発病して被害を引き起こすとは限らない。環境や宿主となる植物の特性（遺伝的な背景など）、状態も発病に大きく影響をおよぼすのはいうまでもない。すなわち、植物が病気にかかり発病するためには、病原体（主因）、宿主植物（の病気にかかりやすさ＝素因）、環境（誘因）のそれぞれの要因が複雑に絡み合っており、発病のトライアングルとよばれている（図1-10）。

　日本で発見されたマツ材線虫病（pine wilt disease）の主因（病原体）はマツノザイセンチュウ（*Bursaphelenchus xylophilus*）という体長一ミリメートル弱の小さな線

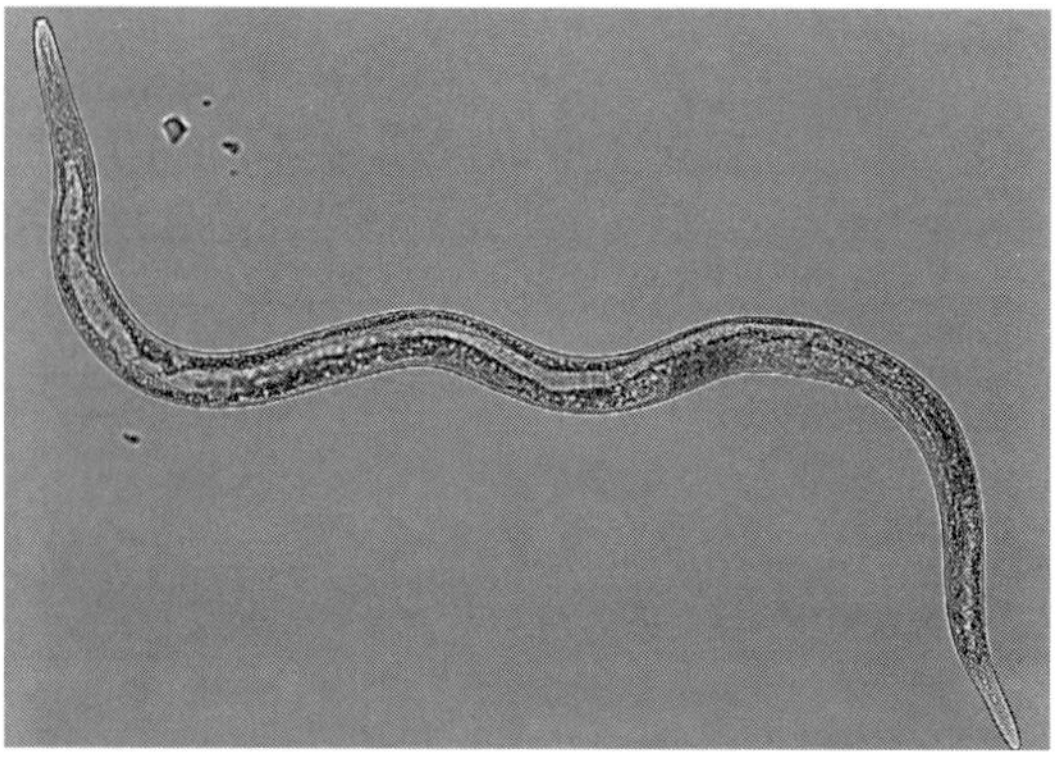

図1-11　マツ材線虫病の病原、マツノザイセンチュウ
本線虫は体長約1 mmで、肉眼でもようやく確認できる。
森林総合研究所 秋庭満輝氏提供。

虫（図1－11）であるが、この線虫が樹体内に入っても必ずしも発病するとは限らない。夏の高温や乾燥などが誘因として働き、発病を助長する。日本在来のアカマツ（*Pinus densiflora*）やクロマツ（*Pinus thunbergii*）は本病にかかりやすい（感受性が高い）が、アメリカ産のストローブマツ（*Pinus strobus*）やテーダマツ（*Pinus taeda*）などは、線虫が入ってもふつうは発病することはなく、抵抗性である。また、一般には感受性が高いといわれているアカマツやクロマツの中にも遺伝的に抵抗性の系統が見つかっている。当然、マツノザイセンチュウにも病原力[8]（病気を引き起こす力の尺度）の強い系統から弱い系統まで千差万別である。マツの感受性（素因）、マツノザイセンチュウの病原力（主因）、発病に好適な諸条件（誘因）がそろって初めて発病にいたるのである。

　樹木の病気は以前から木材生産を阻害する要因として、苗畑や人工林で問題となることが多く、さまざまな病害について病原菌の探索、その発生生態、防除法などが研究されてきた。当然のことながら、病気は森林生態系にも大きな影響をおよぼしているはずである。詳しい説明は3章に譲るが、菌類はさまざまな樹木の実生苗や稚樹を枯死させたり、生殖器官に感染し、種子の生産を阻害することによって、森林の更新に多大な影響を与えている。

3・3　木材腐朽菌

サルノコシカケと総称される硬い（硬質）きのこの仲間やシイタケ、ナメコ、エノキタケなどの食用になるきのこの一部が、枯れ木や木材を分解していることは意外に知られていない。枯れた枝や倒木、さらにはまだ生きている樹木の材部を腐らせる菌類のグループを木材腐朽菌[9]（図1－12）とよんでいる。古くなった木造家屋の柱が腐ったり、倒木がスポンジのように柔らかくなりやがて分解されてしまうのは、いわゆるサルノコシカケなど、木材腐朽菌類の働きである。これらの

＊　　＊

8　植物に病気を引き起こす能力を病原性（pathogenicity）といい、病原性の程度、すなわち病気を引き起こす能力の程度を病原力（virulence）という。一般的には、病原性は〝ある〟か〝ない〟か、病原性があった場合に病原力が〝強い〟か〝弱い〟かと考えるのが理解しやすい。一方、病原性（pathogenicity）を侵略力（aggressiveness、宿主に侵入し、定着する能力）と発病力（virulence、宿主を加害し、発病させる能力、病原力ともいう）の二つの要素に分けて説明する考え方もある。

9　木材腐朽菌はそれが腐朽させる部位によって根株腐朽菌や樹幹腐朽菌に分けられる。また、これらの菌は辺材部を腐らせるか心材部を腐らせるかにより辺材腐朽菌と心材腐朽菌に分けることもできる。腐朽菌は幹や枝、根などにできた傷から感染するほか、罹病木の根が健全な根に接触したり、腐朽した伐根から這い出した菌糸束によっても感染する。（図1－14）。

図 1-12　木材腐朽菌と腐朽木
上：レンガタケ（左）、クジラタケ（右）、下：ベッコウタケ（左）、スギの心材腐朽（原因菌は不明）（右）。

図 1-13　南根腐病で枯死した樹木

南根腐病は腐朽菌の一種シマサルノコシカケを病原とする多犯性の病害で垣根や防風林などで発生すると根の接触により次々と隣の木に感染する。上：本病で枯死したモクマオウの防風林、写真左から右に向かって枯死が進行している。下左：本病で枯死したシャリンバイの生け垣、同様に左から右に枯死が進行。下右：枯死した樹木の根の腐朽。

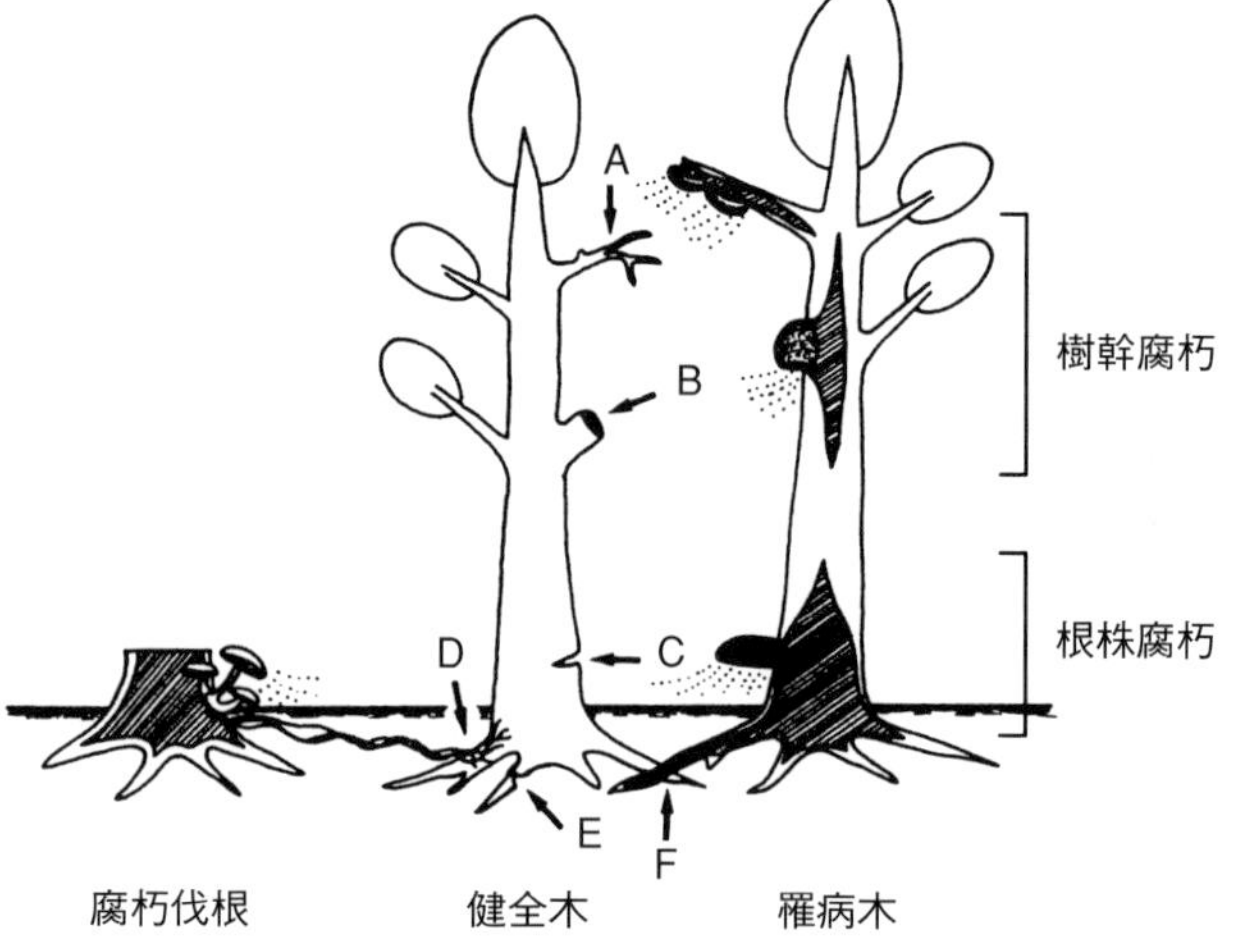

図 1-14　木材腐朽菌の感染および腐朽様式
A：枯れ枝からの感染、B：枝打ち痕からの感染、C：外傷からの感染、D：菌糸束による感染、E：根の傷からの感染、F：根系の接触による感染。
（阿部、1997；鈴木和夫編著『樹木医学』、朝倉書店）を改変。

木材腐朽菌は木材の価値を著しく低下させたり、ナラタケ（*Armillaria* spp.）やマツノネクチタケ（*Heterobasidion annosum*）、シマサルノコシカケ（*Phellinus noxius*）のように、種類によっては生きた樹木を衰弱させたり枯らしたりするものもあり、樹木病原菌の一員でもある（図1－13）。

しかし一方で、分解者としての役割も非常に重要で、そのことはしっかり認識しておく必要がある。他の微生物が利用しにくい難分解性の木質成分を分解し、栄養として利用することができる能力を持っているからである。一般に木材の細胞壁はセルロース、ヘミセルロース、リグニンなどの難分解性の高分子化合物でできている。この中でも、とくにリグニンは分解されにくく、微生物の中でもリグニン分解系を持っているものは少ない。したがって、木材腐朽菌は数少ないリグニンの分解者[10]といえる。

森林の中を想像してみよう。多くの人がイメージするように、そこには大きな枯れ木が横たわっていたり、落ち葉や枯れ枝が積もっていたりする、いわば木質廃棄物の宝庫である。もし、菌類がいなかったら、その中でもセルロースやリグニン食いの木材腐朽菌がいなかったらどうなるだろうか。答えは簡単明瞭、以前にも述べたとおり、どこもかしこも枯れ木の山、窒素や炭素は植物遺体の中に閉じ込められたままになってしまう。

木材腐朽菌は先に述べたように、病原菌でもあり、森林の中で密かに樹木の中に侵入し、長い時間をかけて知らず知らずのうちに内部を腐らせている。腐朽菌の被害を受けた樹木は風などの物理的撹乱に弱いため、折れたり倒れたりしやすくなっており、ギャップ（林冠にぽっかり空いた穴）の形成にも関係していると考えられている。

＊　＊

10　木材の骨格を形成している構成要素はセルロース、ヘミセルロース、リグニンなどの難分解性の高分子化合物である。広く木材腐朽菌とよばれるものの中には、セルロースやヘミセルロースしか分解できないものと、リグニンも分解できるものがある。前者では腐朽材の中にリグニンが消費されずに残り腐朽材は褐色となる(褐色腐朽)。一方、後者ではリグニンも消費され腐朽材は白色となる（白色腐朽)。それぞれの腐朽型を起こす腐朽菌を褐色腐朽菌および白色腐朽菌とよぶ。

3・4　樹木エンドファイト（内生菌）

樹木は、ヒトや動物と同様にその表面や組織内部が菌類にさらされていることは、すでに述べた。病原菌は、樹木の葉を落葉させたり、幹に瘤を作ったりして、最終的には枯死させることもある厄介者であるが、組織内部に生息しながらも、通常、外見上はいかなる害も引き起こさないような菌類も存在している。

エンドファイト（endophyte, endophytic fungi）とよばれる菌類がそれである。この言葉は「内部」を意味するエンド（endo）と植物を意味するファイト（phyte）を組み合わせた造語であり、植物表面で生活している菌類、エピファイト（epiphyte, epiphytic fungi）と対をなす用語である。厳密に定義すれば「生活環のある時期、植物にいかなる害も引き起こさないで組織内部に生息する生物」ということになる。実際に（調べられている限りでは）、植物から出ることなしにその一生を植物組織内部で生活し、宿主植物に対して害を与えない菌類もいる。しかし、植物病原菌の中にも病気を起こさないで、植物内部でじっとしている時期（潜在感染期間）を有するものもあるので、厳密に区別することは難しい場合がある。[11]

エンドファイトの発見は比較的古く、その存在はすでに一八世紀半ばには知られていた。しかし、その存在が注目されたのは、今から二〇年ほど前にニュージーランドなどで原因不明の家畜中毒の原因が、牧草（主にイネ科植物）の中に潜んでいる、エンドファイト（グラスエンドファイト）が産生するアルカロイドなどの二次代謝産物であることがわかってからである。その後の研究から、エンドファイトに感染している牧草は哺乳類に中毒を起こすだけでなく、昆虫による食害や病気に対する抵抗性が付与（宿主に対する利益供与）されることが明らかになってきている。また同時期に、針葉樹を含む多数の樹木にエンドファイトが普遍的に存在していることが示されたことも、注目される契機になった。もっともよく研究されているイネ科植物では、七六属、種数にして三〇〇種以上の植物がエンドファイトに感染しているという。

現在ではさまざまな樹木にエンドファイトの存在が確認されているが、樹木エンドファイトはイネ科植物のものとはさまざまな点で異なっている。イネ科植物のエンドファイトは、通常、*Neotyphodium*（ネオティフォディウム）属菌など、バッカクキン（麦角菌）科に属する菌がその主要なものであるが、樹木のエンドファイトは分類学上広範にわたる菌が含まれる。また、イネ科エンドファイトの組織内部に存在する菌糸は、細胞内に侵入することはなく、細胞と細胞の間を蔓延している場合が多いが、樹木エンドファイトのあるものは細胞内に侵入する。グラスエンドファイトの代表格であるネオティフォディウムエンドファイトは、一生を通して組織内部で暮らしており、種子に入

* *

11 植物病原菌の中には、秋になって紅葉が始まる頃、すなわち葉が老化する時期や、何らかの傷害で植物がストレスを受けた場合に病斑を形成したり、発病を引き起こしたりする例も多い。これらは病気として取り扱われる場合が多いが、その原因となる菌が、発病以前から植物内部で生活しており、老化などにより宿主植物と菌のバランスが崩れた結果が発病にいたると考えれば、そこに存在する菌の本質的な生活様式は内生的（endophytic）であり、病原菌というよりはエンドファイトであると考えるほうが理解しやすい。いずれにせよ、病原菌とエンドファイトを客観的に区別できる基準が必要である。

り込んだ菌糸を通して次代に感染し、その分散とともに分布域を拡大する。一方、樹木エンドファイトは感染組織が枯死したあとにその上で（たとえば落葉上で）子実体を形成し、胞子を飛ばす。

樹木エンドファイトにおいても、グラスエンドファイトと同様に、宿主植物を保護する（宿主にとっても利益がある）例が報告されている。たとえばダグラスファー（*Pseudotsuga mensiesii*）では、その針葉にエンドファイトとして存在している*Rhabdocline parkeri*（ラブドクリネ　パルケリ）が虫癭（ちゅうえい）（いわゆる虫瘤（むしこぶ））を形成するタマバエの死亡率を上昇させているらしい。

わが国でもマツ科、ツツジ科、ブナ科樹木などでその存在が確認され、その種組成や生態、樹木におよぼす影響などが研究されつつある。まだまだ研究は緒についたばかりではあるが、今までに知られていなかった事実が明らかになってきている。

3・5　菌根と菌根菌

植物体内外には多数の菌類が生息しているが、エンドファイトの例のように、植物と非常に密接な関係を取り結んでいる場合も少なくない。なかでも、菌根共生（mycorrhizal symbiosis）に対する関心は高く、近年、多くの研究がなされている。とはいうものの、「いったい菌根とは何者なのだろうか、さっぱりわからん」という人も多いのではないだろうか。一言でいえば、きのこの仲間が樹木など植物の根と共生して作る構造物である。

すなわち、植物の根に菌類が侵入することによって形成される、お互いの組織が複雑に入り組んだユニークな構造が菌根（mycorrhiza）である。そして、菌根を形成する菌類を菌根菌（mycorrhizal

表1-3　主要な菌根タイプとその特徴（Smith and Read, 1997）を改変

	菌根の種類						
	VA菌根	外生菌根	内外生菌根	アーブトイド菌根	モノトロポイド菌根	エリコイド菌根	ラン菌根
菌糸の隔壁	無	有	有	有	有	有	有
菌糸の細胞内への進入	有	無	有	有	有	有	有
菌鞘	無	有	有／無	有／無	有	無	無
ハルティッヒネット	無	有	有	有	有	無	無
のう状体	有／無	無	無	無	無	無	無
宿主植物のクロロフィル	有（無）	有	有	有	無	有	無*
菌の分類群	接合菌類	担子菌類 子嚢菌類 （接合菌類）	担子菌類 子嚢菌類	担子菌類	担子菌類	子嚢菌類	担子菌類
植物の分類群	コケ植物 シダ植物 裸子植物 被子植物	裸子植物 被子植物	裸子植物 被子植物	ツツジ目	ギンリョウソウ科	ツツジ目 コケ植物	ラン科

＊すべてのラン科植物は実生初期の段階では葉緑素を欠くが、成熟個体ではその大部分が葉緑素を持つ。

fungi）とよんでいる。菌根という用語は、ベルリン農科大学のフランク（Frank, A. B.）教授によって、樹木の根と菌類のこの特殊な関係を表すために、菌類を意味するmycoと根系を意味するrhizaを組み合わせて作られた造語である。菌根はそれを形成する菌や相手の植物の種類、およびその構造などから、外生菌根、VA菌根など、いくつかのタイプに分類されている（表1－3）。

私たちが森や林でよく見かけるきのこは、さまざまなタイプの菌根の中でも外生菌根菌の子実体（繁殖体である胞子の形成器官）である場合が多い（図1－15）。秋の味覚を代表するマツタケやシメジも外生菌根菌が作るきのこである（もちろん食用にされるきのこすべてが菌根菌というわけではなく、シイ

図 1-15　さまざまな外生菌根菌の子実体（きのこ）
樹木にも多くの外生菌根菌が共生している。A・B：タマゴタケ、C：アカヤマドリ、D：アカモミタケ、E・F：ヤマドリタケモドキ、G：テングタケ、H：マントカラカサタケ（菌根菌ではない）。D・G は森林総合研究所 明間民央氏提供。

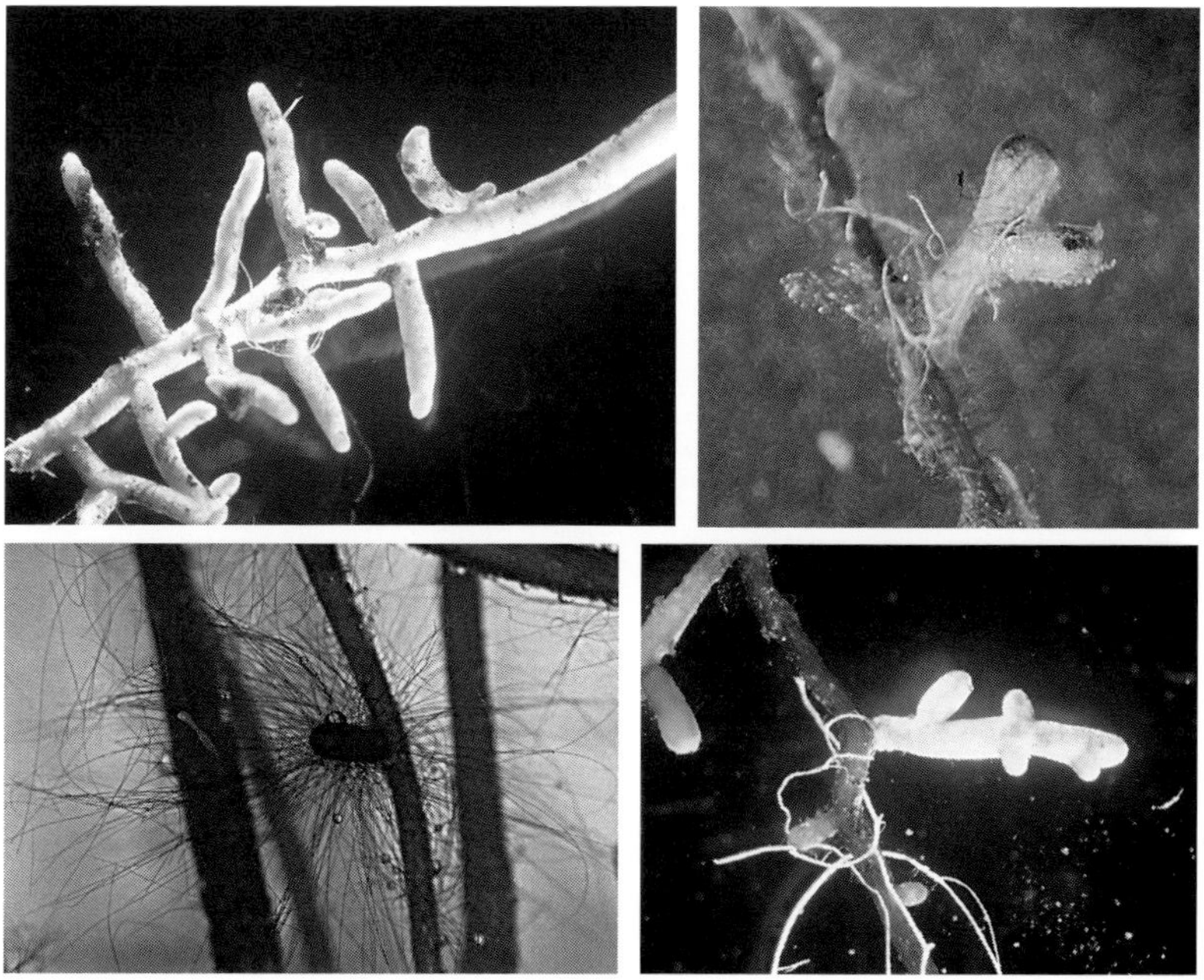

図 1-16　菌根の外部形態
左上：モミに形成された菌根、右上：クロマツに形成された菌根、左下：菌根から外部に伸び出した外部菌糸、右下：菌糸束。三重大学 松田陽介氏提供。

タケやヒラタケなどは枯死した樹木（木材）の分解者であり、樹木と共生しているわけではない）。

森林生態系の主要な構成者である木本植物の多くのものが、外生菌根を形成するといわれている。なかでも、ブナ科（Fagaceae）、マツ科（Pinaceae）、カバノキ科（Betulaceae）などに属する樹木は外生菌根菌を持つものの代表である。また、外生菌根を形成する菌根菌は五〇〇〇〜六〇〇〇種と考えられており、多くのものがイグチ科（Boletaceae）、ベニタケ科（Russulaceae）、テングタケ科（Amanitaceae）などに属する。

外生菌根は、その名前の示す

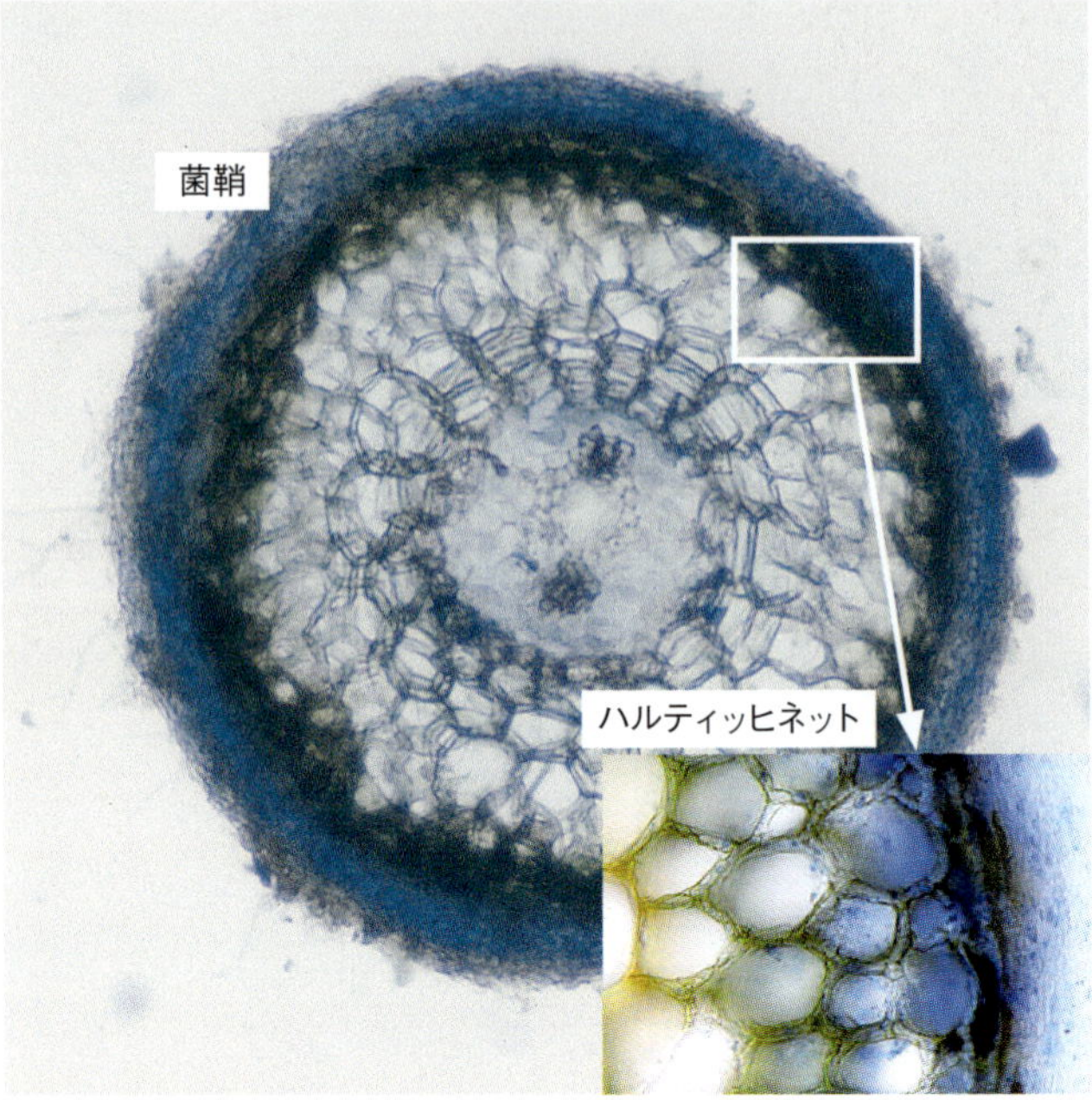

図 1-17　菌根の構造
菌根を輪切りにすると細根表面を被う緻密な菌糸でできた菌鞘と皮層細胞間隙に形成されたハルティッヒネットが観察できる。組織内部に進入した菌糸は細胞表面を取り囲んでいるが決して細胞内部に進入することはない。写真はモミに形成された菌根の断面。三重大学 松田陽介氏提供。

とおり、共生する菌根菌の菌糸が根の細胞内には侵入せず、細胞間隙に蔓延する。外見はふつうの細根とはかなり異なっており、混棒型、二叉分岐型などの特徴的な形態を示し、色もふつうの根とはかなり違うので、一度見ると簡単にわかるようになる（図1-16）。

外生菌根の構造は、細根の表面を被う緻密な菌糸でできた菌鞘（fungal sheath）、ハルティッヒネット（Hartig net）、外部菌糸によって特徴づけられる（図1-17）。菌鞘から植物内部に侵入した菌糸は、表皮および皮層細胞間隙を進展し、ハルティッヒネットとよばれる特殊な構造を形成する。ここでは菌糸が細胞表面を包み込み、菌根菌と宿主植物の間の物質交換の場になっていると予想されている。一方、菌鞘から外側へ伸び出た外部菌糸は周囲の土壌中の基質に広がる。菌根菌は菌鞘から宿主植物と、土壌など周囲の環境の双方に伸び広がっていることは注意すべき点であろう。

それでは、菌根を形成することは樹木と菌根菌にとってどのような意味があるのだろうか。従属栄養生物である外生菌根菌は、通常、宿主植物から光合成産物である炭水化物の供給を受けており、菌根菌はリンや窒素などの無機養分や水分を外部に延ばした菌糸により吸収し、植物に受け渡しているとされる。樹木から菌根菌に動いている炭水化物の量はかなりのもので、一説によると、植物は純生産量の六〜三〇パーセントを菌根菌に振り分けているという。

すなわち、樹木は菌根を形成することによって、土壌中の無機養分や水分を効率よく吸収している し、菌根菌にとって植物は炭水化物の供給源である。土壌養分が不足している場所では、菌根菌を接種すると樹木の苗木の生長が促進されることが多くの試験によって示されており、樹木宿主と外生菌根菌の間には相利共生関係が成り立っていると推測されている。

森林の中では一つの外生菌根菌のコロニー内に多数の樹木が存在している。それらは菌根菌の菌糸でお互いにつながれた菌糸ネットワークを形成していると考えられている。上に述べたように、菌根菌は樹木から光合成産物である糖をもらっており、菌根菌は樹木にリンなどの無機物を供給する。たとえば、大きな樹木と芽生えや稚樹が菌糸ネットワークによりつながっていれば、光環境の悪いところで育っている芽生えや稚樹にかわって、本来ならそれらが菌根菌へ与える炭水化物の供給を母樹が肩代わりしたり、母樹から稚樹へ直接に菌糸を通した炭水化物の移動が起こっている可能性もある。これらの関係はなにも同じ樹種同士だけではなく、広い宿主範囲を持っている（多くの樹種と共生関係を結ぶことができる）菌根菌の場合は、多種類の樹種間で菌糸ネットワークが形成されている場合もあるかもしれない。

研究は始まったばかりではあるが、このように、私たちの直接窺い知れない地下部で、菌根菌が介在した樹木間の広範なネットワークが成立していると想像するだけでも、何かわくわくしてしまう。いったい物質の循環やエネルギーの移動にどんな影響があるのだろうか。研究の成果が待たれるところである。

熱帯林の話ではあるが、おもしろい仮説を紹介しよう。東南アジアの低地熱帯雨林はフタバガキがその骨格の主体となる森林である。フタバガキ科の樹木はゴンドワナ大陸がその起源で、アジアに分布するフタバガキ亜科とは別の亜科がアフリカと中南米に分布する。しかし、その種数は少なく、また灌木として細々と暮らしている。アジアへはゴンドワナ大陸が分裂した際、その破片であるインド亜大陸に乗ってやってきた。アジアのフタバガキは他の地域のものに比べ驚くほど繁栄しているが、その秘密が菌根菌との出会いであったという。

インド亜大陸に乗って移動したフタバガキの祖先種は、東南アジア北部でゴンドワナ大陸時代には存在しなかった外生菌根菌、おそらくはブナ科植物と共生していたものと出会い、それにより土壌条件が貧弱で、乾季と雨季が交互に訪れる厳しい東南アジアの環境条件に適応していったと考えられている。

この仮説が正しいかどうかは今後の研究の進展を待つことになるが、目に見えない「日陰者」の一員である外生菌根菌が、このような大陸レベルでの樹木の分布拡大の鍵を握っていたと考えるだけでも、とても楽しい。

ちょっと一息(1)

森林(もり)の日陰者

「森林の日陰者」と聞いて、読者のみなさんはなにを想像されるでしょう。

これは、森や林の中で人目に留まることなく、密かに生活している「かび」や「きのこ」(菌類)に対して、私が勝手につけて、使用している呼び名です。研究者がこのように菌類を擬人化することが、決して良いこととは思いませんし、場合によっては誤解を招くことがあるかもしれませんが、多くの人に菌類に親しみを感じてもらいたいために意図的に使っています。

かびやきのこの仲間は、肉眼で見ることができないため、人の目につくことはほとんどありません。中には大型のきのこを作り、とても美しいものもありますが、どこにでも発生するわけではなく、また非常に短命なため、多くの人はすぐそばを通りかかっても、ほとんどの場合は見逃してしまいます。

また、多くの菌類は自然界では、菌糸の形で生活しているか、厚膜胞子などの耐久生存器官を形成し、環境条件が自分にとってよくなるまでじっとしています。ですから、たいていの人は森や林で菌類が生活していることさえ実感できないでいます。かびといえば台所や浴室など湿度の高いじめじめしたところに生える汚いもの、パンなどの食品を腐らせたり、時には人に病気を引き起こしたりする悪いもの、すなわち黴菌(ばいきん)であるとの認識しか持っていない方が大半でしょう。シイタケやヒラタケなどのきのこが菌類の仲間であると認識している人も少ないようです。

しかし、菌類は森や林の中ではなくてはならない重要な構成者で、少し大げさに言うと、これらの働きがなければ森や林は正常に機能しませんし、その存続自体が危ういものとなります。

きのこやかびは、森林生態系の中で難分解性の木質有機物の分解者として、落ち葉や枯れ枝、倒木などを分解し、森の掃除屋としての役割を担っています。この働きによって、窒素や炭素などの物質は循環し、エネルギーの移動が起こります。また、菌根菌やエンドファイトなどの菌類は、さまざまな樹木と共生し、樹木が水や無機栄養塩類を吸収するのを助けたり、樹木を病原菌や害虫から守る働きをしていると考えられています。菌類はダニや昆虫などの餌としても重要で、多くの小型節足動物はかびやきのこを食べています。これらの働きの多くは、私たちの生活の中では実感しにくいイベントです。

すなわち、森林の日陰者とは、菌類が森や林の陽の当たらないじめじめしたところで、誰にも注目されることなく、ひたすらその生活を全うしているというようなイメージ(あくまでイメージで、菌類の生活はかなり多様であり、簡単に言い表せるものではない)から、命名したものです。また、この命名には、多くの菌類が名前も付けられていなかったり、その生活の詳細も分かっていなかったりすること、つまり研究も含めさまざまな点で菌類に関心が持たれていない(日陰におかれている)という筆者の思いも込められています。菌類の生態や機能についてもっと多くの事柄を明らかにして、多くの人に関心を持ってもらおうと思う次第です。

本書の読者の多くは、おそらくかびやきのこに少なからず興味を持っておられるでしょうから、私の意図するところをくみ取っていただけることでしょう。

2章
森の菌類の多様性

1　生物多様性とは

1・1　身近な生き物の衰退

私は昭和三〇年代前半に、兵庫県北部但馬地方の山間の町に生まれた。比較的低い山に囲まれた小さな盆地で、家のまわりは水田や畑に囲まれ、いたるところに神社や墓地などを中心にすえた森や林が残っていた。また、家の前には農業用水と洗濯などの生活用水兼用の小川が流れており、そこにはドジョウやフナなどが、当たり前のように泳いでいた。

少し山のほうにいくと、農業用のため池やそれを取り巻く湿地とともに、小面積で、畦によってさまざまな形に区切られた稲田があり、何種類ものトンボや、今ではほとんど見ることのできないゲンゴロウやタガメなどの大型水生昆虫がふつうに見られたものである。人の手は適度に入ってはいるものの多様性の高い自然が残されていた。

小さい頃の遊びといえば、当時としては当たり前のことだが屋外での遊びで、ことに私は虫取りや川遊びに熱中した。春にはモンシロチョウやアゲハチョウを追い駆けまわし、夏休みともなれば朝早くから、宿題などほったらかしで、あらかじめ目をつけておいた、樹液をいっぱい出しているクヌギの雑木林に出かけ、クワガタムシ（私はノコギリクワガタなどよりヒラタクワガタやミヤマクワガタが好きである）やカブトムシの採集に夢中になったものである。

それから帰ってくるなり、今度はセミ取用の網に持ち替え、クマゼミなどを追い駆けまわした。夜に近所の仲間と誘い合わせて、ホタル狩りにいくのも何よりの楽しみであった。

そのようななかで、当時は名前すらも知らなかったオオムラサキやゴマダラチョウなどの大型で美しいタテハチョウに魅了され、蝶々が花を訪れるだけでなく、雑木林の樹液を吸いにくることを知らず知らずのうちに知った。また、クワガタムシやカブトムシと一緒に樹液に集まってくる大型のスズメバチに恐れをなしつつも、その雄大な姿や美しさに虜になった。

今でも年に一度くらいは郷里にいくが、そのたびに開発によって大きく変わる自然の姿に驚いてしまう。いたるところにあった雑木林はそのたびに姿を消し、宅地になったり、整地されたまま空地になったりしている。また、そこら中に張り巡らされていた農業用水を兼ねた小川は、水田の圃場整備に伴い周囲をコンクリートで固められ、ドジョウやフナなどはいっさい見かけなくなってしまった。畦道に毎年一斉に花を咲かせていたヒガンバナ（彼岸花）も今では花を咲かすことはない。

かろうじて残っている林に、郷愁と少しの期待を抱きながら虫を探しにいっても、オオムラサキなどは見られようもないし、初夏一番に鳴き出したニイニイゼミもアブラゼミやクマゼミが増えたのと対照的に個体数を減らしてしまった。オオムラサキやクワガタムシがたくさん捕れたクヌギの林も、近くにあったエノキとともに伐採されてしまい、跡形も残っていない。

私たちがふだんの生活を通して感じ取ることができる、身近な生物の減少や質的な変化は、何も私の郷里だけで起こっているわけではない。ほとんどの人が実感できるものとして、いたるところで起こっている事実である。

1・2　生物多様性の階層構造

以前によく見かけた鳥や虫を最近ばったり見かけなくなった、森や林がめっきり少なくなったなどと実感する人は多い。このようなふだんの生活の中で感じることができる現実は、生物多様性（バイオダイバーシティ、biodiversity）の低下である。

そもそも生物多様性とは何だろうか。生物多様性と聞けば多くの人が生物の種類数の多さというイメージを持つだろう。私なども最初に頭に浮かぶのは種類数の多さ（種数）である。日々の暮らしの中で、多くの種類の昆虫や草花が目につけば「日本は本当に自然が豊かな国だなぁ。生物相も本当に豊富で……」というようなイメージである。

種類の多さは、確かに生物多様性を評価する際の一つの尺度になるし、もっとも実感としてとらえやすい。しかしながら、それはある一面をとらえているにすぎない。

生物界には、種や個体群、群集など、いくつもの生物学的階層が存在する。したがって生物多様性もさまざまな階層で論じることができる。ふつうは遺伝子、種・個体群、群集・生態系、景観の各階層レベルでとらえられることが多い。

＊　＊

1　オオムラサキやゴマダラチョウ、ヒオドシチョウなどの食樹（草）。オオムラサキやゴマダラチョウは落葉したエノキの枯葉の中で幼虫越冬するため、冬になると密かに探しに出かけたものである。両者の幼虫はよく似ており、なれないと見分けるのが難しい。

当然のことながら、これらの階層は独立しているわけではなく相互に影響をおよぼしあっている。たとえば種・個体群の多様性は、繁殖に関わるような形質の遺伝子の多様性に大きく依存する。また種や個体群の多様性は群集や生態系の多様性を構成するし、さらには景観の多様性にも大きく影響する。ある生物種が存続していくためには、その種内変異、つまり遺伝的な多様性が保証されなくてはならないし、また、それらが生息する環境、すなわち生態系や景観レベルでの多様性が保持される必要がある。

すなわち現在では、生物多様性は生物学的階層を視野に入れた、ただ単に生物の種数だけを意味するのではなく、遺伝子や個体群、生態系、さらには景観を構成する要素、それらの関係の多様さまでも含む広い概念だということを共有したいと思う。

近年、遺伝資源の保存、世界規模での森林破壊、さらには、今現在も確実に進みつつある種の絶滅などの問題に関連して生物多様性が話題になり、論じられることが多いが、非常に残念なことは、菌類を中心とする微生物に関してほとんど論じられていないことである。扱いが難しい、目に見えないなどのハンディーがあるにしても、菌類を扱うものとして、なんだかとても寂しい。

2　菌類の多様性

2・1　森にいって菌類を探してみると

一昔前の山村では、アカマツ林からたくさんのマツタケが取れたという（図2－1）。これはアカ

図 2-1　マツタケとその菌輪
上：見事に形成されたマツタケの菌輪、中：収穫されたマツタケ、下：出荷するため箱詰めにされたマツタケ。マツタケ研究所 吉村文彦氏提供。

図 2-2　マイタケとエノキタケ
森の中できのこを探すと、運が良ければ、マイタケ（左）やエノキタケ（右）など、おいしいきのこに出くわすこともある。エノキタケは晩秋から冬のきのこである。

マツが燃料や肥料として重要で、その林も適度に人の手が入り理想的な形で管理されていたからであるといわれる。マツタケは、現在では、現金収入源としてその生産を行うために丁寧に管理されている山を除けば、ほとんど目にすることはない。

私たちが森や林にいって菌類を探そうとすると、まず目につくのはきのこである。きのこの発生量が多い夏の終わりから秋にかけて雑木林や森林に分け入ると、色とりどりのさまざまな形や生活形態を持ったきのこを見つけることができる。運が良ければ、ホンシメジやマイタケなどの非常においしく、なかなか手にすることができないきのこに遭遇するかもしれない（図２－２）。

一昔前に比べれば、きのこが少なくなったとはいうものの、注意して探せば、誰でも何かしらのきのこは見つけることができる。その気になって探せば、落ち葉の上についている、本当に小さなきのこも目につくようになってくる。

図 2-3　秋の七草、オミナエシ
オミナエシは秋の七草として古くから親しまれているが、最近では簡単には見つけることができない。

しかし、森に生活する菌類はもちろんきのこだけではない。繰り返しになるが、菌類の中には病原菌として樹木に病気を起こす仲間もいれば、樹木の組織内部に生息しており、外見からはその存在すら窺い知れないものも多い。

そもそも菌類は、森林の中では、落葉落枝にもまた生きている樹木の葉や枝の表面にもいっぱい付着しており、きのこなど目に見えるものや病気が起こることによってその存在を確認できるものはむしろ例外的な存在である。

植物や昆虫などの減少や質の変化は、ふだんの生活の中で比較的実感しやすい。カワラナデシコやオミナエシ（図２－３）などは、近くの河原や山の近くの草原にふつうに見かけたものであるが、最近ではほとんど見かけなくなってしまった。一方で、外来種であるセイタカアワダチソウ（図２－４）がいたるところに繁茂している。たいていの人はこれらの変化に気づかないはずがない。

図 2-4　セイタカアワダチソウ
北アメリカ原産のキク科の多年生草本であるセイタカアワダチソウは、放置された農地や整地された空地にすぐに進入してくる厄介者であり、その繁殖力は凄まじい。

ところが菌類では目に見えるきのこでさえもその変化はとらえにくい。ましてやほとんどのものが肉眼で見えないとなればなおさらのことである。ここのところが、菌類のさまざまな研究を難しくしている点でもある（4章、1-3）。菌根性のきのこや樹木寄生菌類（病原菌）、エンドファイトなどは、特定の樹木と密接な関係を取り結んでおり、特定の樹木や森林が失われることにより、知らず知らずのうちに衰退、絶滅する可能性がある。

「きのこやかびなど、そんなもの日常の生活に何の関わりもないのだからどうでもいいや」などと気楽に構えている場合ではない。極端な話、菌類がいなければ森や林だって現状のまま維持することは難しいし、いたるところが生物の遺骸で埋まってしまう。

2・2　日本における菌類

日本の面積はそれほど広くはないが、豊富な降水量に支えられた湿潤な気候のため、国土の約三分の二が森林で覆われている。世界的に見ても有数の森林国といってよい。林業はわが国では古くからの生業で、他国に比べれば人工林率は高いが、それでも森林面積の五七パーセント、約一三五〇万ヘクタールが天然林である。

また、わが国はご存じのように、北は北海道から南は先島諸島にいたるまで南北に長く、気候的にも亜寒帯から冷・暖温帯、さらには亜熱帯にわたるまでの要素を含んでいる。その気候区分にそって、北海道に見られるエゾマツ・トドマツを中心とする亜寒帯林、東北地方のブナやミズナラ林に代表される冷温帯林、西南日本のシイ・カシを中心とする照葉樹林、南西諸島の亜熱帯林などさまざま

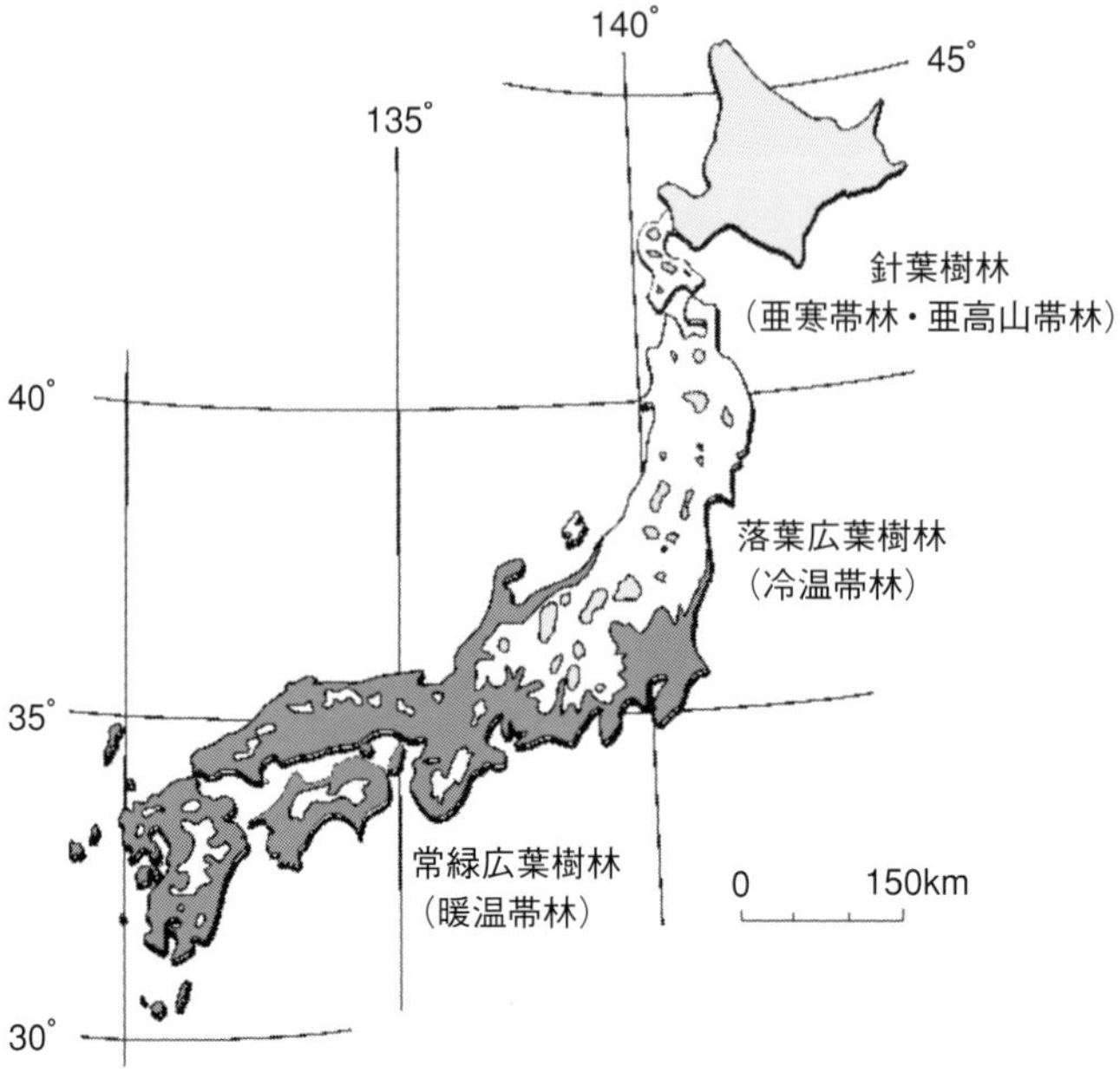

図 2-5　日本の潜在的な森林植生

な森林が成立している（図2－5）。したがって、菌類も北半球の冷温帯林、アジア大陸南部の照葉樹林、熱帯や亜熱帯林と共通するものが多いと考えられている。

このように、亜寒帯要素から熱帯・亜熱帯要素を持つ種が混在しているので、分布の北限や南限になっている菌類も数多く存在する。また、森林は草地などに比べきわめて複雑な構造を持っており、さまざまな生き物に対して多様な生息場所を提供する。このことは、菌類にとっても例外ではない。日本は菌類研究者にとっては、願ってもないとても魅力的な場所かもしれない。

ところで、いったい日本にはどれくらいの種類の菌類がいるのだろうか。

誰でもが抱く疑問である。日本版レッドデータブック[2]によれば、確認されているもので約一万六五〇〇種が日本に生息するとされる。もちろんこれらの菌類は森林にだけ生息しているわけではないが、目に見えない、扱いが難しいなどの理由によって、目録作り（インベントリーの作成）が遅れているにもかかわらず、一万種以上の菌類が日本に生息しているという事実には目を見張るものがある。

2・3　世界中にはどれくらいの菌類が生息しているのか

わが国には一万種以上の既知菌類が生息していることはすでに述べた。一方、今までのところ、全世界で記載されラテン語の種名がついている既知菌類は約六万九〇〇〇種である（表2-1）。いったい、世界中には現在まで知られていない未記載種も含め、どれくらいの菌が生息しているのだろうか。さまざまな推定値が報告されてはいるが、概して根拠が薄く、その信頼性は決して高いとはいえない。

ホークスウォース（Hawksworth, D. L.）は菌類相が比較的よく研究されているイギリス諸島

＊　＊

2　私たちが生活している地球上から、絶滅してしまう恐れがある植物や昆虫などの生物をリストアップし、それらの現状を知らせるためのガイドブック。レッドデータブックには国際自然保護連合（IUCN）が発行しているもののほか、さまざまな国や地域で独自のものが発行されている。日本でも環境省や都道府県などの地方自治体によって、動物、植物などさまざまな分類群に関するものが発行されている。レッドデータブックに記載されている生物種のリストはレッドリストとよばれる。

表 2-1　菌類を含む数種分類群の既知種と推定総種数

分類群	既知種の数	推定種数	既知種の割合（%）
維管束植物	220,000	270,000	81
コケ類	17,000	25,000	68
藻類	40,000	60,000	67
菌類	69,000 *	1500,000	5
細菌	3,000	30,000	10
ウイルス	5,000	130,000	4

* Dictionary of the fungi 9th edition (2001) では 80060 種の既知種が存在するとされる。(Hawksworth, 1991) より作成。

（British Isles[3]）やその他の地域における維管束植物と菌類の種数の比率をもとに、世界の菌類の総種数を約一五〇万種と推定している。これは、それまでの推定値より六倍も高い値であるが、今までの推定値の中ではもっとも妥当な値だと考えられている。

しかしながら、見積もりをする際に用いた維管束植物の推定値（世界で二七万種）が実際よりは低い値である可能性があること、維管束植物と菌類の比率が、必ずしも菌学的に十分に研究された地域に基づくものでないこと、莫大な数の種が存在すると考えられている昆虫に生息する共生者や寄生者などの菌類が考慮されていないなどの理由から、それでもかなり控えめな推定値であるという。たとえば、単純に昆虫の種数を三〇〇〇万種と見積もり、その五パーセントに特異的な共生者や寄生者が存在すると仮定しても上の推定値は約三〇〇万種になってしまう。

ところで、全世界の菌類の推定種数およそ一五〇万種を信用するとすれば、今までのところ、地球上に生息する菌類のわずか五パーセント程度しか知られていないことになる。これは維管束植物やコケ類、藻類など、その他の分類群の既知種の割合と比べて極端に低い数値であり、いかに菌類のインベントリーが遅れているかがわかる。

まだまだ多くの菌類が名前もつけられないまま、どこかで密かに生活しているのである。やはり、「日陰者」にもっと光を当ててやる努力をするべきであろう。

2・4 日本の絶滅危惧菌類

日本ではどれくらいの菌類が絶滅の危機に瀕しているのだろうか。

菌類は、きのこなどの例外を除き、一般には肉眼的にとらえられないため、その減少や質の変化はふだんの生活の中では実感しにくい。また、菌根菌や植物病原菌の中には、その生活の大半を宿主植物や特異的な基質に依存しているものも多く、森林伐採などさまざまな人間活動の影響によって起こる、これら宿主植物や基質の減少、生息環境の分断化などに伴い、知らず知らずのうちに絶滅する可能性がある。したがって、インベントリーの作成を急ぐとともに生息環境や生息実態調査を早急に行う必要がある。

地球規模での環境破壊や生物多様性の重要性が認識されるようになって、一九九二年五月に「生物の多様性に関する条約（生物多様性条約）」が採択され、同年六月、ブラジルのリオデジャネイ

＊　＊

3　ブリティッシュ アイル：大ブリテン島、アイルランド島、マン島やその周辺の島々からなる。

表2-2　レッドデータブックに掲載された菌類および地衣類

カテゴリー	菌類	地衣類
絶滅（EX）	27	3
野生絶滅（EW）	1	0
絶滅危惧	63	45
絶滅危惧Ⅰ類（CR＋EN）	53	22
絶滅危惧Ⅱ類（VU）	10	23
準絶滅危惧（NT）	―	17
情報不足（DD）	―	17
計	91	82

（『改訂・日本の絶滅の恐れのある野生生物―レッドデータブック―植物Ⅱ』、2000）より抜粋

ロで行われた地球サミット（環境と開発に関する国連会議）で多数の国によって署名された。わが国も、翌年これに加盟している。本条約には、二〇〇一年八月までに一八四の国や地域が参加し、生物多様性保全に関する具体的な取り組みが行われている。一九九二年は、また「絶滅の恐れのある野生動植物の種の保存に関する法律（種の保存法）」が制定された年でもある。そうしたなか、レッドデータブックの作成に向けた取り組みが行われ、ようやく、微生物についても維管束植物以外の植物に含める形で菌類と地衣類のレッドリストが公表された。

これによれば、菌類では絶滅（ＥＸ）二七種、野生絶滅（ＥＷ）一種、絶滅危惧六三種（絶滅危惧Ⅰ類五三種および絶滅危惧Ⅱ類一〇種）の計九一種が掲載されている（表2－2）。確認されているだけでも一万種以上という現状で、この数値だけを見ると、そんなに騒ぐほど多くの種が絶滅しているわけではないと感じる方のほうが多いかもしれない。しかし、知られている種がすべて調査対象になっているわけではなく、あらかじめある選定基準を設けて行った調査

である。また、確認されているだけでも一万数千種、さらにインベントリーが遅れていることなどから、わが国には、実際にはそれを大きく上回る菌類が生息していることは間違いのない事実である。これら菌類をすべて調べることは事実上不可能に近い。

さらには、菌類は大半のものが目に見えない。比較的目にとまりやすい大型のきのこでも、どこにでも発生するわけではなく、その発生期間が非常に短いなど、調査や研究を行うのに不利な点が多い。おそらくは実際に国内に生息するかなり多くの菌類が、依存する植物種の減少など、その生息環境の悪化によって、生存が脅かされていると考えてもそれほど間違いではないだろう。

実際にドイツのザール地方（Saarland）で行われた二一八三種の高等菌類（きのこ）の調査では、菌根菌の五四・七パーセント、土壌やリター生息菌の四九パーセント、木材腐朽菌の二〇パーセントが絶滅危惧種（endangered species）であったという。また、ザール地方の森林で採集され、州都であるザールブリュッケンの市場に出荷される食用きのこ（アンズタケ）の量は、一九五五年に比べ一九七五年までの二〇年間に大きく減少している。日本も同様な状況にあることは想像に難くない。現在も、日本のどこかで確実に、いくつかの菌類が絶滅しつつあるのである。

菌類の生息実態を正確に調査するためには、まず最初の作業として、分類学者によって同定され、いまだ名前がないものについては、名前をつけてやる必要がある。日本においては分類の専門家が少ないことも、インベントリーを進めるうえで、大きな制限要因になっている。これなどは早急に対策を講じなければならない重要な問題ではあるが、一方で、かなり時間がかかる難しい問題でもある。

菌類はいろいろな意味で「日陰者」であるが、その戸籍さえも明らかにされていないものがほとんどである。私は分類が苦手で避けてとおってきたので、勝手な言い分ではあるが、日本の菌類研究者はこのことを再認識する必要があると思う。

3　森の菌類の機能

3・1　味噌、醤油、そして日本酒

森林の中の菌類の話をしているのに、唐突に味噌や醤油、はたまた日本酒とくると、読者の中にはいささか面食らわれる方もあるかもしれない。

日本人であれば誰にとっても、味噌や醤油はもちろんのこと、漬け物や納豆などの発酵食品はふだんの食卓に欠かせないものであるし、日本酒は神事や祝い事の席にはやはり欠かせはしない。私など、日本酒はふだんの生活にも密接に関わっている重要なものである。もちろんわが家には欠かすことなく密かに補充され続けている（最近では、体に良いなどという嘘か本当かわからない理由によって焼酎に取って代わられつつあるが……）。

辛党の人には、日本酒が持つほかの酒に代え難い、独自の香りとうまみがこたえられないらしい。

私は海外に出かけた際には、できるだけ現地の人が食べている食事ですませるようにしているし、それはまた、それほど苦痛に感じるものではないが、それでも食事をしているときに、「この食材なら醤油で味付けしたほうが、ずっとおいしいのに……」などと考えてしまうときがある。

このように、わが国では古くから発酵食品と深く関わってきており、さまざまな発酵食品を独自の

技術で作り上げてきた歴史がある。

味噌や醤油、日本酒などはかびや酵母など微生物の持つさまざまな機能を上手に利用した、一大芸術品といってよいものである。なかでも、日本酒の醸造過程は世界に類を見ない、日本独自の発酵技術である。

海外の酒造りでは、最初に糖分があるところから始まる。ビールの醸造でも麦芽を利用することによって、オオムギのデンプンを最初に糖化した後、アルコール発酵が行われる。ワインはブドウの糖分を発酵させる。ところが日本酒の醸造では、麹菌（*Aspergillus oryzae*）による白米中のデンプンの糖化と酵母（*Saccharomyces cerevisiae*）によるアルコール発酵を、一つの樽の中で同時に平行して行うという、きわめて珍しく高度な技術を要する方法（平行複発酵）が採られている。

この方法が確立されたのは室町時代とされているが、杜氏が中心になって行う冬季の酒造りには、このような複雑な発酵方式を管理するため、朝早くから夜遅くまで、経験に基づいた時間に厳密な作業が黙々と続き、冬季の出稼ぎにきている酒造り職人衆にとっては重労働であったという。

味噌や醤油も米や麦、大豆などをコウジカビや酵母など、微生物の持つアミラーゼ（糖化酵素）やプロテアーゼ（蛋白質分解酵素）などを上手に利用して、独自のうまみと芳香を醸し出した発酵食品である。

魚を使った発酵食品も多い。最近ではほとんど見かけなくなってしまったが、昔はどこの家庭でも出汁を取るのに鰹節を使った。私も子供の頃はお手伝いと称してよく鰹節削りをさせられたが、なかなか薄く上手に削ることは難しいものである。

ところで鰹節にもコウジカビの仲間（*Aspergillus glaucus*）がわざわざつけられている。この黴つけによって、余分な脂肪が除かれ、鰹節に特有な香味と光沢が付与されるという。

また、酒飲みにはこたえられないものに熟鮨（なれずし）がある。魚肉をご飯の中に漬け込み自然発酵させたもので〝飯（い）ずし〟ともいわれる。琵琶湖周辺の地域で好んで食べられる鮒ずし、秋田名産のハタハタずしなど、現在でも各地で作られている。もともとは、魚を長く貯蔵するための方法で、乳酸発酵によって生じた酸が腐敗を防ぎ、独自な風味が生じる。やはり微生物の機能を上手に利用した保存食である。私たちの身近にはかびなど微生物の力を借りてできたものが、けっこう多いものである。

さて、話が森林の菌類から大きく逸脱してしまった。賢明な読者はすでにおわかりいただけただろうか。唐突に発酵食品の話を持ち出したのは、かびや酵母などの微生物はきわめて多様な機能を持っており、私たちの祖先は知らず知らずのうちにその機能を生活の中でうまく利用し、また時にはそれに改良を加えてきた事実を知ってもらいたかったからである。

私たちの生活に身近なところで役に立っている菌類は、当然のことながら、森や林の中でもその機能をさまざまに発揮し、いろんなことをやっているに違いない。

3・2　いろんなことをしているらしいが

再び森の中の菌類の話に戻ろう。

森や林の中にはまだ知られていない種も含め、多種多様な菌類が生息しているということを理解していただけただろうか。すでに概観したように、菌類の種類（種数）の多いことは、まだ発見されていない種の見積もりの精度はともかくとして、疑う余地はない。当然のことながら、それぞれの菌類は森林の中でさまざまな機能を持ち、さまざまな役割を担っているはずである。

森や林の中の菌類の機能や役割を考えるに先立ち、森林の中でも、その生命活動の中心ともいえる、林冠部[4]における菌類の生活をのぞいてみよう。

殺虫剤で薫蒸して昆虫を採集するという熱帯林でのとんでもない研究から、林冠部分には驚くほど多様な昆虫が生息していることが判明して以来、林冠こそが多くの昆虫や動物の活動の中心であり、生物多様性の中心であると考えられるようになった。林冠は光合成や繁殖が行われる場所である。植物の葉や種子あるいは花粉などを資源として利用する昆虫なども、当然、林冠部分に集中している。また、成熟した森林の林冠は、複雑な構造を持ちさまざまな環境を作り出すために、多くの生物に多様なハビタット（生息場所）を提供し、豊富で変化に富んだ生物群集を支えている。

森林の林冠部は生きている葉や枝はもちろんのこと、老化しつつある、あるいはすでに枯死してしまった枝や葉、樹皮など、菌類にとって多様な基質が存在する。したがって、そこには、さまざまな部分に病気を引き起こす病原菌、植物内部で密かに暮らしているエンドファイト（内生菌）、表面に生息する菌類であるエピファイト、そこに生息する昆虫など節足動物の共生者や寄生者など、その環境に適応した多様な生活様式や役割を持った菌類群集が成立している。つまり、菌類（多くは微小菌

＊　＊

4　森林内で多数の樹木の樹冠が互いに接し合い、連続している層のこと。

類）も林冠の生物群集の不可欠な構成者であり、樹木との直接的な相互作用だけでなく、その群集を構成する他の生物とさまざまな相互作用を行っているのである。

ある菌類は宿主と相利的な共生関係にあり、植物をその病原菌や捕食者から保護しているかもしれないし、寄生菌（病原菌）として生きている枝や葉をすでに分解し始めているかもしれない。昆虫病原菌は植食性や吸汁性の昆虫による樹木の被害を抑制したり、軽減したりしているに違いない。木材や葉を食べている昆虫は、その中に含まれているリグニンやセルロースなどの難分解性の木質成分を分解・消化するために、消化器官内に共生している菌類の酵素を利用している。また、菌類はダニなどの小型節足動物や甲虫類の餌資源となっており、林冠の食物連鎖網にも大きく関与しているらしい。スラヴェシの低地熱帯雨林で採集した一二五〇種の甲虫のうち約四〇パーセントが菌類の子実体や菌糸から直接栄養を取っている（すなわち菌食である）という報告もある。このように、熱帯林では菌類群集は多くの昆虫の生存に関係しており、その保全は昆虫などの生存に決定的な意味を持つ。

どうやら最初の予想どおり、あるいは多くの人が想像するとおり、森林生態系においても菌類がさまざまな生態的機能を持ち、さまざまな役割を担っていることは間違いがないようだ。

しかしながら、残念なことに、これらの菌類の役割に関する情報は、先に何度も述べたように、取り扱いが難しく、目には見えないなどの多くの制約があるため、非常に断片的であり、よくはわかっていないのが現実である。

やはり「日陰者」は「日陰者」であり続ける宿命なのだろうか。私は決してそれで良いとは思っていない。

3・3　森林における分解者

森林の中の菌類の機能と聞いて、生物学に多少なりとも興味のある読者の多くが最初に頭に思い浮かべるのは、植物や動物の遺骸の掃除屋、すなわち有機物の分解者としての役割ではないだろうか。生態学の一般的な教科書であれば必ず書いてある「生産者－消費者－分解者」という枠組みの中では、微生物は必ずリターなど、遺体の分解者であると解説される。

もちろん、菌類は土壌動物などとともに腐食連鎖[5]にも大きく関わっており、分解者として森の掃除の中心的役割を担っている。しかしながら、もう少し違う視点で菌類の振る舞いを見てみると、別の側面が見えてくるものである。

なかなか先入観から抜け出せないのが人の性ではあるが、菌類もただ単に落葉や落枝など、すでに死んでしまったものの中にある有機物だけを分解しているのではないという視点で、森や林の菌類の機能や役割を考えてみよう。

誤解がないようにしておくが、菌類が主要な分解者であることはまぎれもない事実である。

＊　＊

5　生物は食う－食われるの関係でつながっているが、このつながりを食物連鎖という。このうち生きた植物を出発点とし、生きている生物を直接に食う連鎖を生食連鎖、動植物の遺体やその一部（落葉や落枝）を出発点とする連鎖を腐植連鎖という。

3・4 「生体分解者」としての菌類

スギやヒノキの人工林では、時として、特定の病気が大発生し、大被害を起こすことがある。単一の樹種、しかもほとんどの場合が単一なクローン（遺伝的に同一な個体）から構成されているので、それらを特異的に侵すことができる病原菌が出現すると、樹木はそれに対してすぐには対処することができないからである。このような例は、農作物の栽培現場ではしばしば問題になっており、たとえばイネではいもち（稲熱）病の大発生で収量が大幅に減少することがある。抵抗性品種を導入しても、しばらくすればすぐにそれを侵すことができる新たな菌系（レース）が出現し、結局はいたちごっこ（軍拡競争）になってしまう。

自然の森や林の中では、さまざまな種類の樹木が生育しており、特定の病気で森林全体が大被害を受け、すべての樹種が枯れてしまうというようなことは、まれにしか起こらないイベントである。しかし、個々の樹木を詳細に観察してみると、何かしらの病気を容易に見つけることができる。

樹木の葉に病原菌が寄生して斑点を作ったり、小さな枝を枯らしたりすることは、自然界ではごく当たり前に起こっている。また、樹皮下キクイムシなどが穿孔した部分には青変菌が入り込み、材の部分を青色に変色させるし、枯れた枝や傷口からは腐朽菌を含むさまざまな菌類が入り込む。これらの病原菌は、個々の樹木を殺してしまうようなことはほとんどないが、腐朽菌などは材のかなりの部分を腐朽させている場合も多い。

一般に病気というと、木を枯らしたり木材の経済的価値を下げたりするものであるという、悪いイメージでしかとらえられない。しかしながら、先の例のようにさまざまな器官に感染し、病気を引き起こす植物寄生菌類は、見方を変えると、〝生きている〟うちから植物を分解している「生体分解者」と位置づけることができる。

もちろん、落葉・落枝や枯死木の量に比べて、「生体分解」を受ける有機物の総量はそれほど多くはない。しかし、〝生きている〟うちから分解を受けているという事実には注目すべきである。また、これらの関係は長い歴史の中で進化してきたもので、何かしらの適応的意義があると考えた方がよい。

本来、菌類が分解の対象とする有機物は生物の遺骸などであったと考えられている。現在でも、腐生生活がその生活の大部分を占める菌類がもっとも一般的であり、いわば基本の生活型と考えてよい。樹冠部の葉や小枝、樹皮などにも、そこから洗い流されたり、雨水にトラップされたりした乏しい養分に依存して腐生的な菌類が生息している。偶然、葉や枝が傷害を受けて部分的に枯死すれば、そこでは糖などの養分が浸出し、これらの菌類にとっては十分な栄養がある非常に好適な基質となったはずである。これらの中から生きているものを分解できる菌類、いわゆる植物寄生菌が進化してきたと考えることは、それほど困難なことではない。「生体分解」という戦略を取ることによって、餌資源をめぐる競争に有利に振る舞えるからである。

「日陰者」といえども、なかなかやってくれるものである。

3・5　先駆的分解者

エンドファイト（内生菌）とよばれる菌類が、健全な樹木の中に生息していることはすでに何度も述べた。他方、樹木の表面にも多数の菌類が生息している。エピファイト（表面生息菌）とよばれる菌群である。これらの中には樹木を選り好んでいるものと、そうではなくて、樹木の種類に無関係に生息しているものとがあるが、とにかく表面には多数の菌類が付着している。これらの菌類は、病原菌のように、生きている樹木を分解しているわけではない。

枯れて落ちた葉や枝は早晩、菌類など微生物の働きを受けて分解される。枯れて栄養の塊になった落葉落枝は多くの微生物の基質となるが、落ちた場所に偶然生息している菌類がすべてその基質に定着し、利用できるわけではない。すなわち、資源をめぐる競争が繰り広げられる。エンドファイトやエピファイトのように、枯れて落ちる前から樹木に取りついている菌類は、最初からそこに存在しているために、これらの競争において有利である。すなわち、これらの菌類は先駆的な定着者（early colonist）であるがゆえに、植物遺体の先駆的な分解者（early decomposer, pioneer fungi）の役割を果たしていると考えられている。

ダグラスファー（*Pseudotsuga mensiesii*）の針葉には *Rhabdcline parkeri*（ラブドクリネ パルケリ）というエンドファイトが感染している。この菌は、感染直後にダグラスファーのわずか一つの表皮細胞に侵入した後は、生きてはいるが、ほとんど活動しないでじっとしている。葉が寿命で老化し始めると（あるいは生理的ストレスを受けると）それがシグナルとなり、まだ枝についたままの老化葉の中で、最初に侵入した表皮細胞から、その周囲にある多数の細胞に菌糸を蔓延させ始める。つまり、落葉として落ちた後に待ちかまえている他の菌との競合（競争）に備えて、あらかじめ自分の陣地を拡大しているので、初期の定着者として非常に優位な位置を占めることができる。

このような菌の活動は針葉に感染する多くのエンドファイトで共通しているらしく、また、材内に感染しているエンドファイト（xylotropic endophyte）も同様な生活史戦略を取っていると考えられている。

スギの黒粒（くろつぶ）葉枯病は、海外ではセコイヤなどの針葉樹のエンドファイトとして知られているものと同属の子嚢菌、*Chloroscypha seaveri*（クロロスキーファ シーヴェリー）によって引き起こされる。寒さや台風などを誘因として突発的に大発生し、林業上大きな被害を与えることがまれにあるので、わが国では病原菌として認識されている。しかし、樹冠下方の被圧された状況にある、老化したり枯死したりした針葉にごく一般的に認められるので、機能的には「内生菌—先駆的分解者」としてとらえたほうが合理的であるといえる。

私は植物病理学者によって病原菌として認識されているものの中にも、黒粒葉枯病菌のように先駆的分解者として機能している菌類がかなり含まれていると予想している。とくに風などによる物理的な傷害の後や、葉が寿命で生理的に老化した場合に病気を起こす菌類は、機能的にとらえ直す必要があるかもしれない。

もちろん、エンドファイトやエピファイトがいなくても、後からさまざまな菌類が定着し、分解は進むかもしれない。しかしながら、これらの関係も「生体分解者」とその宿主の関係と同じように、菌類が餌資源の獲得を有利にするため、長い期間をかけて進化してきたものであると考えられる。もしこれらの樹木表面や内部で暮らす菌類、すなわち先駆的分解者がいなければ、分解に関わる菌類の遷移もかなり違ったものになり、その分解効率や速度に少なからず影響をおよぼす可能性もあろう。

自然界では当たり前のように起こる落葉や落枝の分解一つを取ってみても、さまざまな菌類が無秩序に関与しているわけではなく、きわめて精緻で合理的に行われている（ように見える）のには驚いてしまう。

誰も知らない陽の当たらないところで密かに進行しているとはいえ、このような菌類の活動や生活は、研究対象としてもっと多くの研究者に取り上げられる必要があるだろう。

4　遺伝資源としての菌類

4・1　微生物資源の利用

先にも述べたように、私たちは古くから建築用材や燃料として樹木を利用し続けてきたし、きのこや山菜、ドングリなどは時には貴重な食料であった。もちろん、森林が私たちに供給する資源は、これらに留まることはない。

森や林に生活している動植物を薬として利用することも、比較的古くから行われてきた。たとえば、身近なところに見られるゲンノショウコやドクダミ（十薬）、クズ（葛根）、ホオノキ（厚朴）、キハダ（黄柏）、メグスリノキなどは、日本でも下痢止めや解熱、鎮痛作用など、さまざまな薬効があることが経験的に知られており、民間伝承薬として庶民に広く利用されてきた。

医学が格段に進歩した現在でも、東洋医学ではこれらの生物素材を漢方薬として広く利用しているし、ごくふつうに利用されている医薬品の中にも、薬効のある植物から、その有効成分だけを取り出したものも多い。製薬会社の多くは今でも野生生物に未知の成分を探し続けている。

菌類などの微生物が持つ機能が上手に利用され、日本のお家芸といわれる発酵産業に大きく貢献してきたことはすでに述べた（2章、3・1）。これらの微生物は、また、さまざまな生物活性を有する物質（biologically active secondary substances）を生産することが知られている。

人類はこれまでに、さまざまな感染症と戦ってきた歴史がある。なかでも、結核やペスト、炭疽病などの細菌によって引き起こされる感染症の治療に大きな役割を果たしてきたのが、ペニシリンやストレプトマイシンに代表される抗生物質である。

かつて結核は、明治時代から昭和二〇年代にかけて、わが国でももっとも恐れられた病気であり、年間一〇万人以上もの人々がこの病気で尊い命を失っていた。結核に対して当時は有効な治療法がなく、空気のきれいなところにあるサナトリウムに入って療養するしか方法がなかったのである。この病気の特効薬が土壌中の放線菌が生産する抗生物質、ストレプトマイシンであり、わが国でもこの薬によって命が助かった人は数知れない。フレミングによるペニシリンの発見以来、現在までに開発された抗生物質は二〇〇種を超えており、それらの市場規模は世界全体で二二〇億ドルにもなるという。

生体肝移植や脳死者からのさまざまな臓器移植が現実の医療技術として使われるようになった今日、シクロスポリン（*Tolypocladium inflatum* というかびの培養液中から見つかった物質）などの免疫抑制剤は、この医療技術を担うものとしてなくてはならない存在となっている。これらの抗生物質、免疫抑制剤の多くのものが、細菌や放線菌、菌類の産生する二次代謝産物[6]（secondary

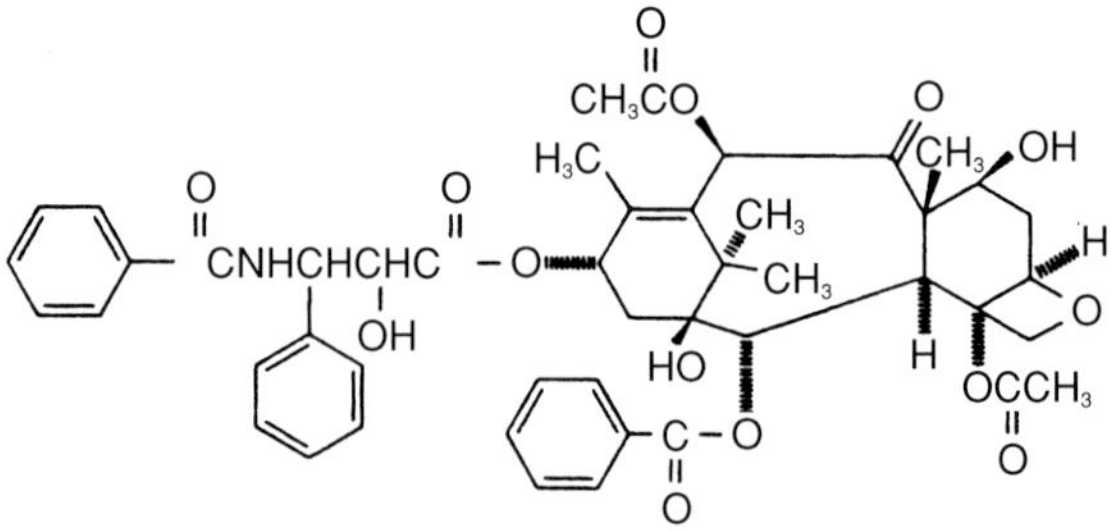

図 2-6　タキソールの化学構造
抗ガン剤であるタキソールはイチイの内樹皮に生息するエンドファイト *Taxomyces andreanae* によっても作られる。

metabolite）である。

このように微生物、とくに菌類は、新しい生物活性を有する物質を見つけ出し、新規の医薬品を開発するための潜在的な資源といってよい。これまでに、世界各地の土壌中に生息するものなど、さまざまな環境に生息する莫大な数の微生物が、新たな生物活性を持つ物質を見つけ出すためにスクリーニングされてきた。

現在では、植物エンドファイト（内生菌、1章、3・4）がその資源の一つとして注目を集めている。比較的近年までその存在が注目されなかったことに加え、植物組織内というきわめて特殊な環境に適応して生活しているため、新たな生物活性を有する物質が見つかる可能性が高いと推測されているからである。

タキソール（Taxol）という物質をご存じだろうか。乳がんや卵巣がんの治療薬として、近年とくに注目されている天然化合物（図2-6）である。この物質は北米産セイヨウイチイ、パシフィックユー（Pacific yew: *Taxus brevifolia*）が作る二次代謝産物で、主にその内樹皮から生産される。しかしながら、その量はきわめて微量であり、内樹皮の乾燥重量のわずか〇・〇一～〇・〇三パーセントを占めるにすぎないので、きわめて高価である。

一方、一人のがん患者を十分に治療するのに必要な量は約二グラムも必要であり、これはイチイ三本から取れるタキソール量に匹敵する。セイヨウイチイは成長が遅く、合衆国北西部の太平洋岸の湖沼や小河近辺の湿った土壌を好み、それほど多く見られる樹木ではない。また、イチイ属（*Taxus* spp.）一一種がタキソールを作ることが知られているが、自然に成立しているそれらの森林は、小面積で遠隔地に位置しているため、十分に利用できるわけではない。

ところが、意外なところに生息している生物がタキソールを産生する能力を有することが発見されたのである。

植物ホルモンの一種であるジベレリンが、植物と密接に関係しながら生息している微生物によっても作られるという例にならって、二〇カ所から集めた二五本以上の *Taxus brevifolia* から分離されたエンドファイトのタキソール生産能が調べられた。二〇〇種ものエンドファイト（まさに植物と緊密な関係を取り結んでいる菌類）をスクリーニングしたところ、モンタナ州北部の成熟した森林に生育

＊　＊

6 生命にとって不可欠の生体物質、たとえばタンパク質や核酸などの生合成経路はすべての生物で共通するのものが多く、これは一次代謝とよばれる。これに対しすべての生物に存在するわけではない特殊な生体物質の生合成系を二次代謝とよび、これにより合成された物質を二次代謝産物という。高等植物では特殊な二次代謝産物を蓄積していることが多く、ファイトアレキシンと総称される抗菌性物質やリグニン、各種アルカロイドなどはこの例である。

する一本のイチイの内樹皮から分離された *Taxomyces andreanae*（タキソミセス アンドレアナエ）という糸状菌が、予想どおり、タキソールを作る能力を持っていたのである。

放射性物質（^{14}C）で標識したタキソールの前駆物質を用いた取り込み実験から、本菌が作るタキソールはその宿主であるイチイ（*Taxus brevifolia*）が作るタキソールとは別の合成経路で作られていることも明らかになった。

菌類ならば、大量に培養することができるので、安価にタキソールを得る方法が開発されるのも時間の問題と思われた。

何事もなかなかうまくいかない場合が多いものである。

調べてみると *Taxomyces andreanae* が作るタキソールの量はきわめて微量で、一リットルの培養当たりわずか五〇ナノグラム以下しか作られていなかったのである。これでは実際の治療に供するのは困難である。

しかしながらまったく展望がないわけではない。エンドファイトのように植物と密接な関係を有する菌類は、二次代謝産物の生合成系を活性化させるのに、植物の代謝産物を必要とする場合も多い。したがって、培養方法の改良によって、生産量の向上が期待できるかもしれない。また、微生物は高等植物よりも遺伝子操作がしやすいという利点がある。いずれにしても今後の研究に期待が集まっている。

微生物は、さまざまな生物学的機能を有し、さまざまな生物活性を有する物質を作るため、これらを利用する立場からも資源として保全していく必要がある。繰り返しになるが、インベントリーさえも不十分であるこれら「日陰者」の実態を解明し、早急に保全のための方策を立てる必要があることはいうまでもない。

4・2　遺伝子を保全するという意味

私たちは知らず知らずのうちに、生物の本質である遺伝の仕組みを上手に利用してきた。世界中の多くの人が、食料として利用している稲や麦、馬鈴薯（ジャガイモ）、トウモロコシなど多くの栽培植物も、もともとは原産地で自生していたものを、より収量が高くなるように、あるいはより寒いところでも生育できるようになど、人間の都合の良いように、長い時間をかけて改良（育種）してきた結果、できあがったものである。

すなわち人類は、メンデルの発見した実態のない抽象的な（記号としての）遺伝子の存在すら知らず、その意味さえも理解していない時代から、経験的に親の姿や形（表現形質）が子孫に伝わることを知っており、それを巧みに利用しながら改良を続けてきたわけである。

今ではメンデルの発見した遺伝子の本体がＤＮＡ（デオキシリボ核酸）であることは疑いようもない事実であり、多くの人が、生物のさまざまな形質は、ＤＮＡの塩基配列の中に情報として書き込まれており、それがＲＮＡ（リボ核酸）が介在した情報伝達を経て、生体内でさまざまな機能をつかさどる酵素や生体を構成するために必要なコラーゲンのようなタンパク質に翻訳されることで、具現化されることを知っている。

さまざまな有用遺伝子を取り出してクローニングすることも、それらを導入した形質転換植物を作成することも、比較的容易であり、すでに除草剤耐性や害虫抵抗性、果実の成熟を遅らせる（日持ちを向上させる）遺伝子を持つ作物が市場に出まわっている。

ヒトのゲノム（遺伝子一組のセット）情報（つまり人間の持つ遺伝子ＤＮＡの塩基の並び方）はほぼ解読されているし、世界的に見ても主要な食糧であるイネのゲノムの全塩基配列も、日本を中心とした国際コンソーシアムにより猛烈な勢いで解読されつつあり、近いうちに公表されることは間違いない。

このような状況の中、これからも人類はさまざまな有用遺伝子を発見し、自分たちの生活を豊かにするためにそれらを利用し続けることだろう。また、現在では役に立たないと思われている、あるいは利用することが難しい形質の中にも、将来役に立つものが出てくることは間違いがない。

したがって、長い進化の歴史の中で蓄積されたさまざまな遺伝的変異（多様な遺伝子群）を、資源として未来永劫に残していくことは、非常に重要な意味を持つ。また、これら遺伝的変異の蓄積は進化の原動力ともなる重要なもので、さまざまな遺伝子の変異がなければ進化は起こりようがない。

個人的には、遺伝資源を保全することは、私たち人類に課せられた使命であるとも思っている。

私たちが将来利用するかもしれない、このような多様な遺伝子を残すためのもっとも確実な方法は、現存する生物種やその生息場所を、それらを支えている環境や生物間の相互作用ごとそっくりそのまま保存することである。先にも述べたように、人間活動のさまざまな影響により、多くの生物種が絶滅の危機に瀕しているし、今現在もどこかで絶滅している。

ある生物種が絶滅するということは、その事実だけに留まらず、長い進化の中で蓄積された多くの遺伝的変異を一瞬にして失ってしまうことでもあるという認識を強く持つべきである。

日陰者（菌類を主とする微生物）といえども、長い歴史の中でさまざまな遺伝的変異を蓄積してきており、それらの中にはわれわれの生活を豊かにするために役に立つものもあるに違いない。菌類の持つ大きな可能性を秘めた遺伝的変異を私たちの子孫と共有することができるように行動すべきであろう。

ちょっと一息（2）

かびは僕らのお友達

畳の上に薄緑色のかび（もちろん菌類）が生えたり、台所や風呂場などに黒や茶褐色のかびが発生したりして、困った経験をお持ちの方は多いでしょう。

私も数年前に畳表を張り替えたときに、全面に黄緑から薄緑色のかびが生えてびっくりした経験があります。また、革製の大事にしていた鞄を押入の奥から取り出したところ、緑色のかびがびっしり生えており、そこら中に胞子が飛び散り、たいそう困ったこともありました（結局この鞄は、おしまれながらもゴミとして処分された）。

多くの方がご存じのように、かびは梅雨などの高温多湿の時期にはあらゆる食品類に発生し、主婦を悩ませる原因になります。興味のある人は（決して勧めるものではありませんが）皿の上に食パンを置いて、霧吹きか何かで水分を十分に与えてみてください。数日もしないうちに、青緑色や赤色をしたかびが多数発生することは間違いありません。

このように、私たちの住環境の中には、(胞子などの形で空中に漂っているものも多いので)気がつくか否かは別として、多くのかびが生息しています。代表的なものは、クラドスポリウム(*Cladosporium*)、アルタナリア(*Alternaria*)、フザリウム(*Fusarium*)、ペニシリウム＝アオカビ(*Penicillium*)、アスペルギルス(*Aspergillus*)、ユーロチウム(*Eurotium*)などでしょうか。

このようなかびは、見た目に気持ち悪いだけでなく、食中毒の原因になったり、アレルギーの原因になったりするため、できる限り発生してほしくないものです。窓を開けるなどして通気を良くし、室内を乾燥させることは、これらのかびを防ぐのにかなり有効です。また、多くのかびは紫外線に弱いために、布団や絨毯などを晴れた日に干すことはお薦めです。

屋内のかびの話はこれくらいにして、野外のかびに目を向けてみましょう。

かびなどの菌類は、もちろん、自然界にも多数生息しています。例えば、森や林の中で厚く積もった落葉を払いのけてみると、かびの仲間の菌糸が蔓延しているのが見られます。その落葉一枚を取り上げ低倍率のルーペでのぞくと、やはり葉の表面に細い菌糸が縦横無尽に走っていることを観察できるでしょう。誰でも興味を持って観察すれば、森や林の中で比較的簡単にかびを観察することができます。「なんだ、こんなところにもかびはいっぱい棲んでいるじゃないか」とおもわず叫んでしまいたいくらいのものです。とはいうものの、やはりコツのようなものがあり、何の心得もなしにかびを探そうとしてもうまくいくものではありません。

確実に探せる方法、それは植物の病気を探すことです。本文でも述べましたが、樹木など植物の病気の約8割が菌類によって引き起こされます。

葉が病気にかかると斑点（病斑）ができたり、その一部が枯れたりします。なかには病原菌そのものが、葉の表面についていたりします。

一番見つけやすいのは「うどんこ病」や「さび病」です。アラカシやマサキの葉が、まるで粉でも吹いたように白くなっているのを見たことがある人は多いでしょう。これはうどんこ病菌が、これらの樹木の葉に寄生して引き起こす病気です。うどんこ病菌は吸器と呼ばれる特殊な器官を葉の内部に形成し、それによって栄養を吸収しながら葉の表面に菌糸を蔓延させ、多くの胞子を形成します。白く見えているのは表面を這っている菌糸やその上で形成される胞子(分生子)です。また、ナシやリンゴの葉の裏側にヒトデのような足がニョキニョキ生えているのを見て、不思議に思った方もいるでしょう。これは葉に感染したさび(病)菌が作った胞子（さび胞子）の入れ物です。これらの病気は比較的目につきやすいので、機会があればぜひ探してみてください。

また、病気に罹って部分的に枯れた葉の部分(例えば葉にできた斑点) をルーペで観察すると、粒状やかさぶた状、角状の構造物が見えることがあります。なかにはこれらの構造物から棘状の突起が出ていたりもします。多くの場合、このような構造物は、枯死した葉上に形成された病原菌の胞子の形成器官です。樹木の葉に斑点などを見つけたら、一度ルーペでのぞいてみませんか。今まで知らなかった新たな世界を垣間見ることができるかもしれません。

3章
森の菌類をめぐる生物間相互作用

1　生物間の相互関係

1・1　再び森林の中の菌類

1章では、森や林の中にもさまざまな菌類が生活しており、それらが森林生態系というシステムの中で、重要な役割を果たしており、なくてはならない存在であるということを述べた。

ここでもう一度、菌類が森林の中で有機物の分解者として、病原菌などの寄生者として、エンドファイトや菌根菌などのように（相利的な）共生者として、森を構成するさまざまな樹木と密接に関わり合っていることを思い出して欲しい。

本章では、菌類と樹木の実際の関わり合いについて、さまざまな研究で明らかにされつつある例を取り上げて紹介しようと思う。私としても、ふだんの勉強が足りないので、否、勉強不足であるがゆえに、難しいことをあたかも理解しているように書き並べるよりも、ずっと楽しい作業である。

よっぽどの都会暮らしでもなければ、森や林はふだんは意識もしないほどに身近な存在である。あまり深く考える人はいないと思うが、森林は切り倒されることでもなければ極端に変化するものではなく、いつも同じ姿形をしているという認識を知らず知らずのうちに持っている。

このように、森林は一見するといつも同じ姿をしており、非常に安定しているように見える。しかし、実際はその一部がさまざまな撹乱を受け破壊されている。一方で、破壊された部分はやがて修復されるので、さまざまな修復段階にある林分のモザイクから成り立っていると考えてよい。すなわち、非常にゆるやかではあるが、その一部がつねに新しいものと置き換わっており、全体として同じに見えるにすぎない。

森林を構成する樹木が新しい世代に置き換わっていく過程においては、その初期段階で、各樹種の個体数は大きく減少する。平たくいえば、種子や実生（芽生え）の段階で枯死する個体が非常に多い。近年、これらの種子や実生の死亡に菌類が大きく関与していることが明らかになりつつある。

また、菌類の中には外からは窺い知れない樹木の幹の内部に生息しており、材部から栄養を摂取している木材腐朽菌と総称されるグループが存在することを思い出して欲しい。切り倒された樹木の内部が腐朽してスポンジ状になっていたり、ひどい場合には空洞化している場合があるが、これなどは木材腐朽菌の仕業である。とくに材のうちでもほとんどその機能を失った心材の被害の場合は、樹木の生存には直接影響をおよぼさないが、著しく樹幹や枝の強度が低下しているので台風などの影響で倒れやすくなっている。このように、腐朽菌は間接的に森林を破壊することもあり、樹木の世代交代に一役買っている。

ふだんは人の目につくこともなくひっそりと暮らしている「日陰者」の菌類も、森林のダイナミックな動態に密かに関与しているのである。

1・2　共生（symbiosis）と共生（mutualism）

生物間相互作用を考える際に、関わる生物間の関係を整理し、理解することは重要である。近年、急速に使われるようになった共生という言葉について考えてみよう。

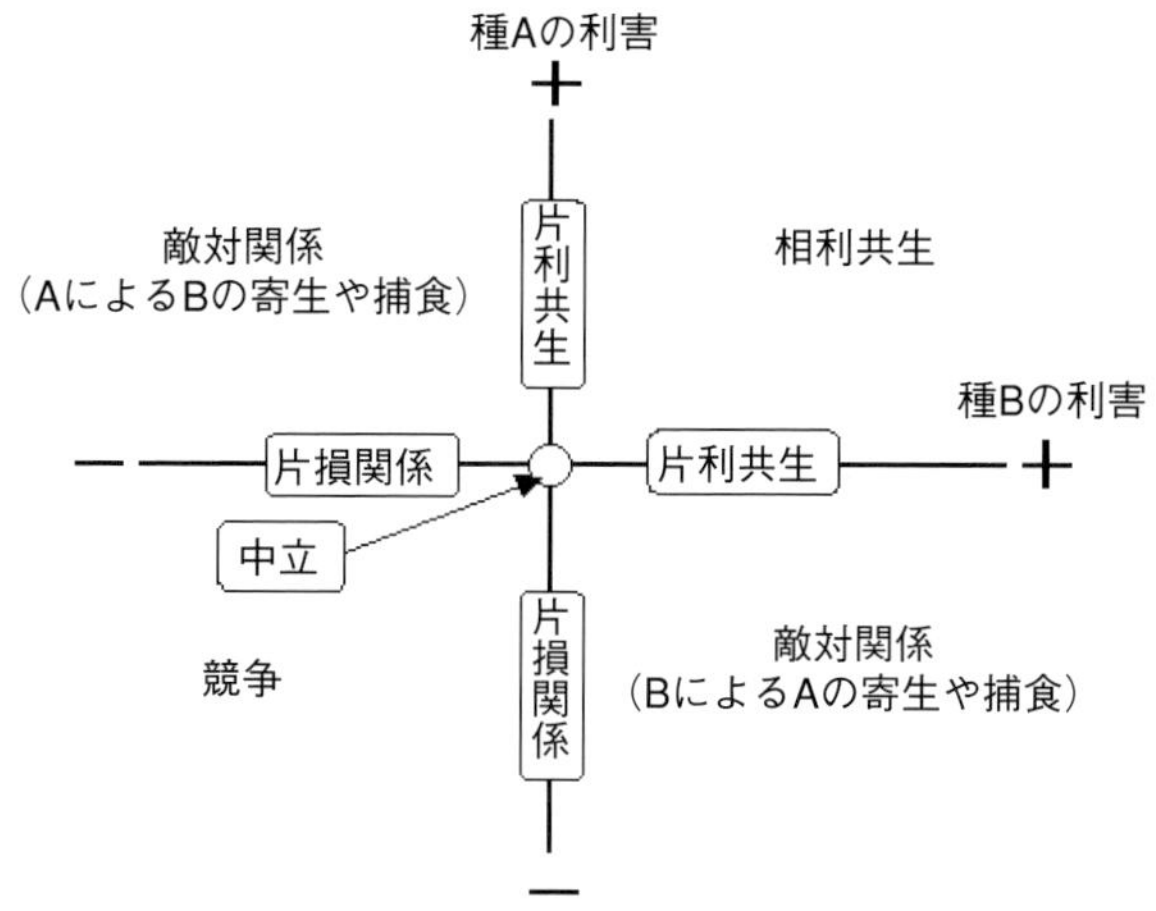

図 3-1　生物間相互の利害関係

テレビや新聞紙上では「共生」という言葉がにぎわっている。いわく「人と森林の共生」、「自然との共生」等々である。

このように、近頃、共生という言葉はごく一般的なものになってきているが、それが意味するところが本当に共有できているのだろうか。

共生（symbiosis）とは、ある場所に異なった生物がさまざまな関係を持ちながらともに生活することである。したがって、私たちはすでにさまざまな植物や動物、あるいは本書の主題である菌類と共生していることになる。しかしながら、マスコミの報道から受ける印象は、ただ単に「一緒に生活する」以上の意味が込められているように感じるのは私だけだろうか。そこには、お互い同所的に生活するものが〝仲良く共存〞し、ともに〝繁栄〞していこうという意味が込められているように感じてならないのである。

生物学的には、一緒に生活すれば、そこにはさ

表3-1　相利共生関係

共生の種類	関与する生物	利益
送粉共生	動物媒の植物 昆虫、コウモリなどの送粉者	花粉の媒介 資源（花蜜、花粉）
菌根共生	陸上植物 担子菌、接合菌などの菌類	窒素、リンなど栄養塩類の吸収 光合成産物（糖）
エンドファイトと植物の共生	イネ科植物 主にバッカクキン科の菌類	植食者、寄生菌類に対する抵抗性 生活場所、資源、分布拡大

まざまな生物間相互作用が生じ、さまざまな関係が発生する。たとえば、限られた資源をめぐり競争が起こり、一方が得をし、他方に不利益が生じたりする。このような関係は共生する生物間の損得によりいくつかのタイプに分類できる（図3－1）。

共生することによってお互いが利益を得る（多くの子孫を残せる）関係が相利共生（mutualism または mutualistic symbiosis）である。共生（symbiosis）も相利共生の意味で使われる場合があるが、混乱を招くので厳密に使い分けたほうが無難である。

イネ科牧草とそのエンドファイト（内生菌）の関係は相利的である（表3－1）。この共生では、エンドファイトは宿主内部で暮らしており、水分や養分に関して宿主に依存しているのに加え、有害な紫外線などからも保護されている。また、菌糸は種子の内部にまで侵入しているので、その分散に伴い、胞子などの繁殖体を作ることなく自らの分布を拡大できる。一方、エンドファイトが産生する二次代謝産物は宿主の捕食者である昆虫や哺乳類に毒性や忌避作用を示し、エンドファイトに感染した宿主は捕食者に食べられる確率が低下する。すなわちお互いが利益を得ていることになる。

しかしながら、自然界はこのような仲むつまじい関係ばかりで成り立っているのではない。また、相利共生であっても、関係する双方が相手の利益になるように行動しているわけではない。結局のところは、自分の利益のため、つまり利己的に振る舞った結果がお互いの最善の選択になっていることのほうが多い。

一方の利益が他方の犠牲（不利益）のうえに成り立っているのが敵対関係（antagonism）あるいは搾取（exploitation）とよばれる関係で、捕食（predation）や寄生（parasitism）などがこれにあたる。菌類（寄生者）の感染よって起こる樹木（被寄生者）の病気などは、明らかに一方が被害を受ける、私たちにとっては比較的わかりやすい関係であり、人間社会にも多くの同様の関係（ゆすり、たかり）が存在する。養分や光など同じ資源の利用をめぐる競争関係（competition）も生活様式が似かよった生物同士で一般的に認められる関係である。

このほかにも、お互いが損も得もしない中立関係（neutralism）や、パートナーの一方は損も得もしないが他方は利益を得る関係（片利（共生）関係 commensalism）、一方は損も得もしないが他方は不利益をこうむる関係（片損関係あるいは片害 ammensalism）があるが、自然界では例は少ない。高い木の上に着生するシダなどの植物と着生場所を提供する樹木の関係などが片利共生の例であろう（着生植物は高いところで光環境が好転し利益を得るが、樹木にとっては小さな植物が着生したところでほとんど影響はない）。

共生（symbiosis）という言葉は、上に述べたような関係をすべて含んでおり、厳密にはさまざまな意味が含まれているので、言葉の持つ一種独特の快いイメージだけで使うのは、少々危険である。共生の中には、競争や敵対関係など厳しく辛い関係もあることを認識するべきである。

さて、生物間には、うわべだけではわからない、自分にとって損か得かの関係があることを述べた。以下に、菌類と樹木の間のさまざまな関係を、具体例をあげながら紹介したいと思う。

2　樹木と微生物のさまざまな相互作用

2・1　ナラタケの謎にせまる

ナラタケというきのこをご存じだろうか。ボリボリ、サワモタシ（沢沿いで多く見つかるきのこの意）など、さまざまな地方名を持ち、広く親しまれている非常においしいきのこ（図3－2）である。東北地方ではとくに好んで食べられるきのこで、秋になると、八百屋の店頭にかごに入れられうずたかく並べられている。

一方、ナラタケは樹木に根腐れ病を引き起こす重要な病原菌で、場合によっては樹木を枯死させることがあり、各地で林業に大きな被害を引き起こしている。

ナラタケ属菌（*Armillaria* spp.）は亜熱帯から亜寒帯まで世界中のいたるところに分布しており、全部で四〇種ほど認められている。日本では、長い間きのこの柄の部分につばのあるナラタケ（*Armillaria mellea*）とつばのないナラタケモドキ（*Armillaria tabescens*）が知られていた。しかしながら、ナラタケとして一括りにして扱われているものの中に、傘の形態が微妙に違っていたり、生える場所や時期が違うものがあることは、きのこ愛好者や研究者にはよく知られた事実であった。たとえば岩手県では衰弱した樹木の根元付近に群生するものを「木ボリ」、地面や埋没した朽木か

図 3-2　大量に収穫されたナラタケ
ナラタケは東北地方ではとくに好まれ、秋になると八百屋でよく見かけるきのこである。写真はオニナラタケ（*Armillaria ostoyae*）の子実体。

ら発生するものを「土ボリ」とよび区別している。おそらく、その発生生態を熟知したきのこ狩り名人は、このような区別をすることにより、発生場所や時期を整理しているのだろう。

ナラタケ菌は、被圧などの影響を受けて樹勢の衰えた樹木に病気を起こす場合もあれば、健全木を加害し枯死を引き起こす場合もある。さらには、ただ単に倒木や切り株に子実体（きのこ）を形成する（つまり腐生的な生活をしている）だけの場合もあり、その病原性については混沌としたままであった。また、葉緑素を持たないラン科植物であるツチアケビやオニノヤガラと共生しているという事実も明らかになり、その多様な生態は多くの研究者を戸惑わせるとともに、興味を奮い起こした。広義の共生関係（symbiosis, symbiotic relationship）にはあるが、個別の関係、すなわち共生に参加している生物の個々の損得勘定については、実はよくわからないままであ

表 3-2　日本産ナラタケ属菌

種名	和名	日本国内での分布	生態、病原性
つばのある種			
Armillaria mellea	ナラタケ	本州以南に広く分布、北海道でも確認	子実体は衰弱木および枯死木の根元、根、切り株から発生する。広葉樹に対して病原性が強いが、ヒノキにもならたけ病を引き起こす。ツチアケビと共生する。
Armillaria gallica	ワタゲナラタケ ヤワナラタケ	北海道から九州まで広く分布	子実体は地面に埋まった材などから発生し、腐生生活をしている。オニノヤガラ、ツチアケビと共生する。
Armillaria nabsnona	ヤチナラタケ	本州および北海道	子実体は沢沿いの湿った場所に発生する。腐生生活をしている。
Armillaria ostoyae	オニナラタケ ツバナラタケ	北海道から本州の冷温帯	子実体は衰弱木および枯死木の根元、根、切り株から発生する。アカマツ、カラマツ、トドマツなど針葉樹に対して病原性が強い。オニノヤガラと共生する。
Armillaria cepistipes	クロゲナラタケ	北海道から本州に広く分布	主に腐生生活をしているが、子実体は生きている切り株や根からも発生する。ツチアケビと共生する。
Armillaria sinapina	ホテイナラタケ	北海道のみ	子実体は主に広葉樹の枯死木や、生きている切り株や根から発生する。オニノヤガラと共生する。
Armillaria singula	ヒトリナラタケ	北海道のみ、日本特産種	標高の低いところに発生。腐生生活をしていると考えられる。オニノヤガラと共生する。
Armillaria jezoensis	コバリナラタケ	北海道のみ、日本特産種	標高の低いところに発生。腐生生活をしていると考えられる。オニノヤガラと共生する。
Nag. E	キツブナラタケ	本州のみ	腐生生活をしている。子実体の形態から本種は新種であると考えられる。
つばのない種			
Armillaria tabescens	ナラタケモドキ	本州中部以南	子実体は衰弱木あるいは枯死木の根元、根、切り株から発生する。広葉樹、針葉樹の両方に対して病原性がある。ツチアケビと共生する
Armillaria ectypa	ヤチヒロヒダタケ	群馬県、青森県	湿地に生息する。腐生生活をしている。近年、青森県で再報告された稀少種。

（太田、1999）から作成

った。

ブレイクスルーは七〇年代になって起こった。ナラタケ相互の交配実験の結果から、お互いに交配しない系統があることがわかり、生殖的に隔離されたグループ（生物学的種）の存在が確認されたのである。この発見が契機となり、ヨーロッパや北アメリカでナラタケ属菌の分類学的研究が大きく進み、その種構成や分布、宿主範囲等が明らかにされてきている。

研究が遅れていた日本でも、ようやく近年になって、生物学的種の研究が大きく前進し、現在では、つばのあるナラタケ九種が確認され、そのうち八種は形態種[1]としてラテン語の種名がつけられている（表3－2）。これら九種のうち三種は北海道だけに分布し（そのうち二種は日本特産種）、一種は今までのところ本州にしか確認されていない（本種は形態種としては記載されていないが、子実体の特徴から新種と考えられている）。最近、鹿児島県奄美大島で、日本新産種である亜熱帯要素の強いナラタケが確認されたとの情報もある。また、つばのない種についても、今まで知られていたナラタケモドキに加え、青森県でヤチヒロヒダタケ（*Armillaria ectypa*）が確認されている。

このようにして、それまで一種と考えられてきたナラタケ（*Armillaria mellea*）として扱われて

＊　＊

1　外部形態上の差異（形態の不連続性）に基づいた種概念。現在の種の大部分はこの種概念を採用している。ラテン語による属名と種小名の組み合わせで表現する。たとえばナラタケの学名は属名 *Armillaria* と種小名 *mellea* を組み合わせて *Armillaria mellea* と表記する。

図 3-3　ナラタケの子実体

A：*Armillaria tabescens* の子実体、B：*Armillaria gallica* の子実体、C：*Armillaria mellea* の子実体、D：ナラタケ病（*Armillaria mellea*）によって枯死したカツラ、E：ナラタケモドキ（*Armillaria tabescens*）により一部の枝が枯れたケヤキ。森林総合研究所 太田祐子氏提供。

きた）が多くの種を内包していることがわかると、今まで研究者を戸惑わせていた本菌の多様な生態（たとえば病原性の違い）が、比較的容易に理解できるようになった。すなわちワタゲナラタケ（*Armillaria gallica*）は腐生性で、植物の遺骸などから栄養を摂取し、主として切り株や腐朽木から発生すること（つまり病気を引き起こすことはない）、狭義のナラタケ（*Armillaria mellea*）はサクラなどの広葉樹に対して病原性が強いが、ヒノキやクロマツなどの針葉樹にも病気を起こすこと、オニナラタケ（*Armillaria ostoyae*）はカラマツ、トドマツなど針葉樹に強い病原性を持つことなどがわかってきた（表3－2、図3－3）。病原性についても、種との関係において、統一的に整理ができるようになり、一部の種ではそれらの宿主との利害関係が明らかになりつつある。

奇妙な振る舞いで研究者を惑わせたり、興味を奮い起こしたりしたいわゆるナラタケの秘密が完全に解き明かされる日もそう遠くないかもしれない。

2・2　雄花から感染する菌類（スギ黒点枝枯病）

スギは日本の代表的な造林樹種であるが、それに発生する非常にユニークな感染様式を持つ病原菌について紹介しよう。

スギ黒点枝枯病はスギに発生する代表的な枝枯性病害で、本病に感染しても枯死することはまれであるが、いったん発生すると慢性的に枝枯を引き起こし完治することが困難なやっかいものである。本病は比較的古くから知られ、しばしば病患部に黒点様の子座が形成されることからその名前がつけられたという。このほかに、本病の罹病部から緑枝上に白色の菌糸膜が這い出すことが知られてい

図 3-4　スギ黒点枝枯病の初期病徴

A・B：雄花基部から這い出した菌糸膜、Aは初期の様相（矢印）、C：緑枝上を伸長する菌糸膜、D：菌糸膜の伸長した部分に形成された病斑。森林総合研究所 窪野高徳氏提供。

た。本病の病原菌は菌糸膜から比較的容易に分離できるが、その分類学的所属（菌の学名）および感染方法については長い間不明のままであった。

おもしろいことに、スギの雄花に病原菌の子嚢胞子が感染するというまったく誰も予想していなかった感染様式を持っていたのである。この重要な発見をした森林総合研究所東北支所の窪野は、本病の病徴進展経過を詳細に観察する中で、花粉を飛ばし終えた雄花序を持つ枝の多くのものが、その先端から数ミリからせいぜい三センチメートル程度紫〜赤褐色に変色して枯れることに気づいた。翌年の春、さらに詳細に観察を行ったところ、六月初めには雄花基部からわずかに菌糸膜が出現し、伸長していることが確認された（図3－4、A、B）。緑枝に伸び出した菌糸膜（同、C）は六月下旬から七月になり気温が高くなると肉眼的には消失し、菌糸膜が進展した部分にほぼ一致する場所に紫〜赤褐色の病斑が形成される（同、D）。すなわち胞子が雄花に付着し、そこから菌糸膜が伸び出して病気を起こしていると予想される結果が得られたのである。

本病原菌の不完全世代[2]（*Gloeosporidina cryptomeriae*）の胞子はすでに見つかっていたが、それはいかなる条件でも発芽しない。

＊　＊

2　菌類はいくつかの形態的に異なった世代を持っている場合が多い。これらのうち有性生殖を伴わず無性胞子を形成して繁殖する世代を不完全（無性）世代（imperfect stage）、減数分裂を伴った有性生殖を行う世代を完全（有性）世代（perfect stage）とよぶ。また、無性世代に出現する形態をアナモルフ、完全世代に出現する形態をテレオモルフとよぶ。

図 3-5　黒点枝枯病菌の完全世代（きのこ）
本菌の完全世代は林床のかつて本病に罹病した古い枯れ枝上に形成される。下はきのこのクローズアップ（矢印）。森林総合研究所 窪野高徳氏提供。

雄花に感染する新たな胞子探しが始まった。それは林床のかつて本病に感染し、枯れて半分朽ちかかった落枝上に見つかったのである。この上に形成された小さなきのこ（子嚢盤、図3－5）の胞子（子嚢胞子）を培養したところ、その培養特性（菌そうや生育温度特性）が菌糸膜や病斑部から分離されたものと一致し、さらに培地上で不完全世代の胞子を形成した。また、子嚢胞子による接種試験により病徴が再現できたので、病原菌であることは間違いない。病原菌の完全世代（*Stromatinia cryptomeriae*）と実際に伝搬に関わる胞子の発見である。

このきのこは三月上旬から五月上旬（とくに雪解けが遅い高標高地では林床の積雪が消えてリターが露出する五月初め頃）に形成され、盛んに胞子を飛散させる（この頃に林床のリターを蹴飛ばすと埃が舞ったように胞子が飛散するので、なれてくると簡単に探し出すことができる）。その時期はスギの雄花が花粉を飛ばす時期にほぼ相当する。その頃雄花は栄養豊富な花粉を含んでおり、また花粉飛散後の雄花そのものは枯死した組織であるため菌にとっては格好な生育環境となる。ここで充分に菌糸を蔓延させた後、緑葉部に菌糸を伸長し始めるのである。

前述したように本病は菌糸膜が伸長した部分だけが枯れるが、この枯れた病斑部の先端からは翌年三月から四月頃（場合によっては気温が下がる秋にも）新たな菌糸膜が出現し、七月から八月頃新たな緑枝を枯らしていく。このように本病は毎年前年の病斑部から側枝や主枝に向かって菌糸膜を進展させることによって病斑部を拡大していく。

本病のもう一つの特徴は菌糸の蔓延した雄花の落下に伴う感染である。花粉を飛ばし終えたスギの雄花は非常に離脱しやすく、五月～六月に自然に落下する。本病に感染した雄花が離脱・落下し健全な枝にトラップされて付着すると、雄花からの初期感染や古い病斑の拡大と同じように、やがてそこから菌糸膜が伸び出し、病斑を形成する。この場合は途中の枝に感染するので、そこで発病すれば、それより上にある緑枝まで枯死することになり、その影響は大きい。

このように、激害を起こすことがまれであり、これまであまり取り上げられてこなかった本病ではあるが、非常にユニークな感染様式を持っている。

本病は最近、コノテガシワ、ヒノキ、ヒバにも発生が確認され、病原菌も分離されているが、今のところ寄生性の分化は確認されていない（窪野私信）。これらの樹種にはすべて雄花から感染が起こるという。本菌はおそらく風媒によって花粉を飛散させる樹種に特化して進化してきた病原菌なのであろう。

林業という経済活動から見れば、悪者でしかない病原菌も、しっかり調べてやるとかなりおもしろい生活をしているものである。

2・3 細菌を追い出すマツタケ菌根

樹木と菌類の直接的な相互作用ではないが、アカマツなどのマツ類と共生している菌根菌、マツタケ（*Tricholoma matsutake*）と細菌類（バクテリア）の関係について紹介しよう。

マツタケは、かつては日本のいたるところでふつうに見られ、秋の味覚として山村に住む人々の食卓に彩りを添えた食材である。その独自の芳香と歯触りがこたえられない日本人好みのきのこである。このように、かつてはありふれた食材であったマツタケも、燃料や肥料としてのアカマツの重要性が低下するのに伴い、その林が手入れされず放置されたままになったため、現在では生産量も格段に減少し、とても私たち庶民が口にできるような代物ではない。

菌根性のきのこは一般に環状に発生する場合が多いが、これは菌輪（フェアリーリング＝fairy ring（妖精の輪））とよびならわされている（2章、図2－1）。ヨーロッパ人が好みそうな命名で、リング状に発生したきのこを森の妖精に見立てたものであるらしい。

マツタケももちろん菌輪を形成する。菌輪の中心ときのこの発生した場所を結ぶ線上を掘ると菌根菌のコロニーの断面が観察できる。いわゆるシロ（マツタケの発生する場所）[3]の断面である（図3－6）。マツタケのシロは菌糸や菌根量、土壌条件などにより七つに区分されている。このうち層Ⅰは秋から春にかけてシロの先端に形成される菌糸だけの層であり、やがて層Ⅱに移行する部分である。層Ⅱと層Ⅲがシロの中でもっとも活性が高い部分であり、層Ⅱは先端がまだ白い若い菌根を含んでいるいわば菌根が作られている部分にあたり、層Ⅲは菌根量がもっとも多く、成熟した黒い菌根が大量に存在する場所である。層Ⅳはすでにマツタケを発生し終えた場所で、菌根はすでに崩壊し始めており、層Ⅴにもなると菌根はほとんど分解され先端のみが黒い細根が増えてくる。層Ⅳより内側の

＊　＊

3　シロとはマツタケが発生する場所であるが、これには「白」、「代」、「城」などの字を当てる。表面を剥いだときに見える菌糸の色による「白」、場所を示す「代」、マツタケの居城という意味の「城」であるといわれる。一九六七年にNatureに発表された小原・浜田論文には「シロは「城」を意味する」と脚注に書かれている。

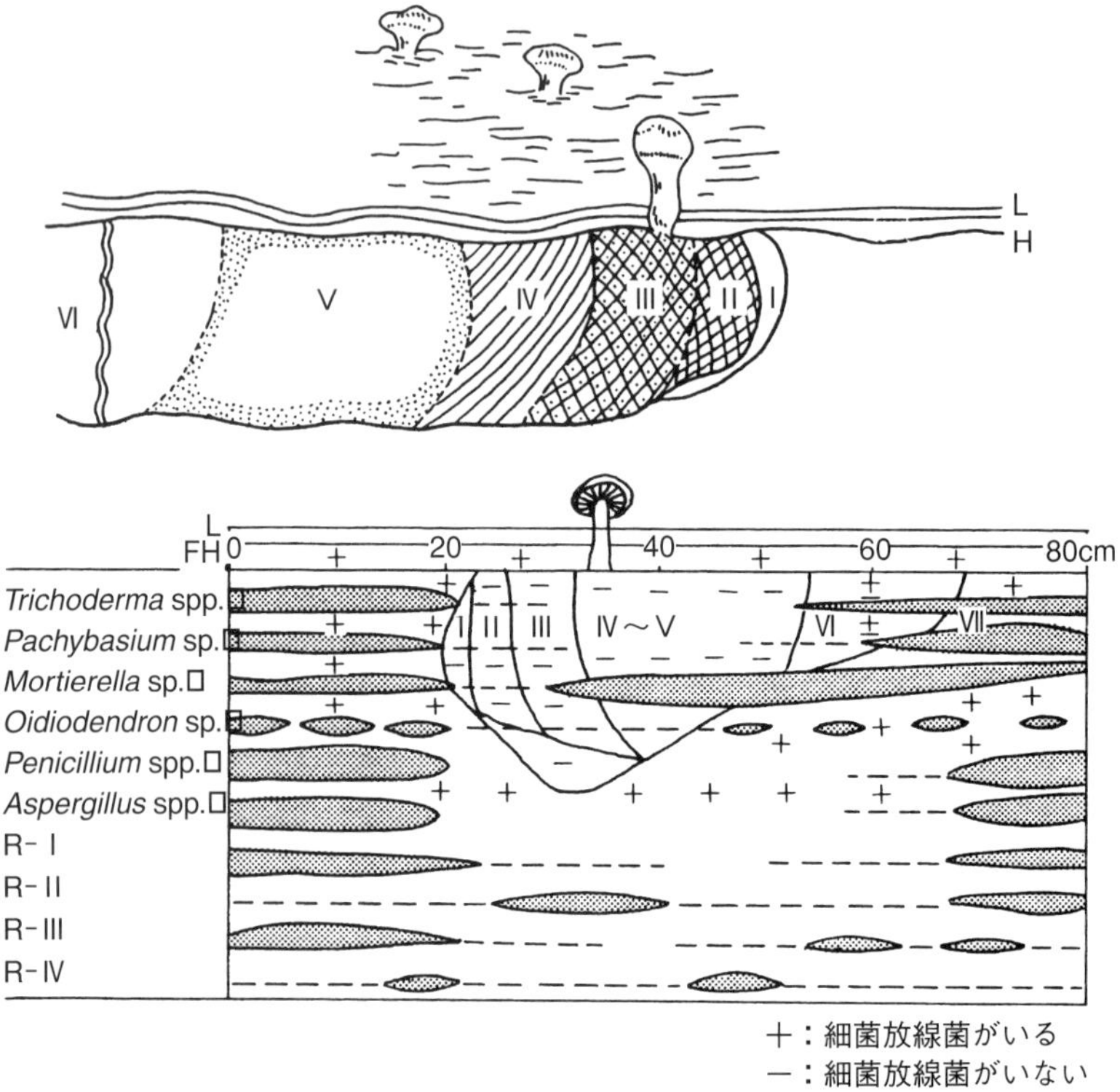

図 3-6　マツタケのシロの断面と微生物相の分布

Ⅰ：シロの先端に形成される菌糸だけの層、Ⅱ・Ⅲ：活性菌根を含む層、Ⅳ：菌根が崩壊しつつある層、Ⅴ：菌根は完全に脱落している層、Ⅵ：菌根はまったく認められない層。活性菌根が多い部分（層ⅡおよびⅢ）には細菌や放線菌は見出されず、菌類もモルティエレラ属菌などがわずかに分離されるのみである。（浜田・小原、1960；小川、1978）より作成。

部分は崩壊菌根帯あるいはイヤ地とよばれる。

シロの構造の話はこれくらいにして、マツタケと微生物の話に戻ろう。驚くべきことに、活性菌根のもっとも多い部分（層IIおよびIII）からは細菌や放線菌がほぼ完全に消失しており、菌類もモルティエレラ属の菌（*Mortierella* sp.）が少数分離されるだけである（図3-6）。シロの外側では多くの細菌や放線菌、トリコデルマ（*Trichoderma* spp.）やアスペルギルス（*Aspergillus* spp.）などの菌類が分離されるのと対照的である。また、シロの内部でもイヤ地になると徐々に菌類や細菌、放線菌が回復し始め、とくに中心部に近いほどその回復の程度は大きいという。すなわちシロの活性菌根部位では、明らかに細菌などを排除する作用があるのである。この排除機構に関しては、菌根の出す抗生物質などの関与が考えられるが、詳しいことはわかっていない。おそらく土壌条件など他のさまざまな要因が絡み合っているのであろう。

マツタケ菌根による細菌の排除機構は、マツタケという菌根菌とその宿主であるマツ、さらには、そこに生息するさまざまな微生物が絡み合ったシステムでの出来事であり、その解析は難しそうではあるが、非常におもしろいテーマであることは疑いがない。

2・4　鳥が運ぶ病原菌（絹皮病）

薄暗い九州の常緑広葉樹林の中に、突然現れる白銀色の幹や枝。びっくりして目を凝らして見ると、枝や幹に菌糸らしいものがびっしりと蔓延していることがわかる（図3-7）。これは*Cylindrobasidium argenteum*（キリンドロバシディウム アージェンティウム）という担子菌の一種が

図 3-7　絹皮病の病徴
左：枝や幹が白銀色の菌糸で被われひも状に垂れ下がっている。右：感染部位で幹折れを起こしたコジイ。森林総合研究所 楠木学氏提供。

引き起こす絹皮病とよばれる病気である。この病気はその特徴的な症状から、古くから山姥の休め木という名前で認識されていたという。この病気はツブラジイ（コジイ）、アラカシ、イスノキなど多くの常緑広葉樹に発生する多犯性の病害で、関東地方南部から沖縄まで広く分布している。いったん感染すると直径二〇センチメートルの幹でも一〇年程度で枯らしてしまう能力を持っており、しばしば幹折れの原因ともなる。

一般に、植物病原菌は胞子とよばれる繁殖体が風や雨などによって分散することで新たな感染が起こる。また、ウイルス病などは媒介昆虫によって伝播される。この病気の発生状況を調べてみると、通常、罹病した（病気にかかった）枝やそこから垂れ下がった白銀色の菌糸が近隣の樹木に接触して周囲に広がることがわかる。また、罹病枝を健全な樹木の枝や幹にくくりつけてやると、やがてそこから菌糸が広がり感染するが、胞子では感染させることができない。

図 3-8　ヒヨドリの営巣材料に使用された絹皮病罹病枝
上：絹皮病にかかった小枝が巣の材料として使用されている。下：営巣材料からアラカシの枝に這い出した絹皮病の菌糸。森林総合研究所 楠木学氏提供。

九州の皆伐跡地、すなわち森林を一斉に伐採してしまったあとに再生したコジイの常緑広葉樹林では、皆伐後二〇年から三〇年の林に本病が発生し始め、それより若い林ではほとんど発生は見られない。風や雨などによって胞子が運ばれることなく接触伝染しかしない病原菌[4]は、いったいどのようにして、すべての樹木が伐られてしまった跡地に再生した林にたどり着くのだろうか。

意外なことに鳥が絹皮病を運んでいたのである。ヒヨドリが絹皮病にかかった枝を営巣材料に利用していることが、台風で落下した巣において観察され(図3-8)、その後の調査でも数例確認されている。そのうちの一例では、まさに営巣に使われた罹病枝から、営巣木に病原菌の菌糸が這い出していたのが確認されたのである。ヒヨドリにとっては二〇年くらいたった林はある程度の樹高があり、林冠も閉鎖しているので、天敵に見つかりにくいなど営巣に適した森林なのであろう。

このような病原菌の長距離移動に鳥がどの程度関与しているのか、あるいはどの程度の距離を移動できるのかについては、大変興味のあるところであるが、ほとんどわかっていない。近年急速に進歩したDNAなどの分子マーカーを駆使した研究の発展が待たれる。森の「日陰者」を切れ味のいい最新鋭のテクニックを使って調べるのは、何とも楽しい研究であるに違いない。

2・5 樹木を保護するエンドファイト

陸上植物のほとんどのものには、エンドファイトが存在していると考えられている。よく研究されているイネ科植物のエンドファイトは、昆虫や家畜などに対し忌避作用や中毒症状を引き起こすアルカロイドを産生することが知られており、それに感染した植物に耐虫性や耐病性などの利益が付与されている。組織内部に存在するエンドファイトもさまざまな利益を得ているので、この共生関係は相利的である。

ところで、樹木でもこのような関係は成り立っているのだろうか。

ヨーロッパや北アメリカで猛威を振るっているニレ立枯病の病原菌（*Ophiostoma ulmi* および *Ophiostoma novo-ulmi*）[5]は、その胞子が樹皮下キクイムシ（*Scolytus* spp.）によって運ばれることで伝播する。しかし、ニレの内樹皮にエンドファイトである *Phomopsis oblonga*（フォモプシス オブロンガ）が存在するとキクイムシの繁殖が抑制され、次世代の数が著しく減少することが知られている。

このキクイムシにエンドファイトが感染している丸太とそうでない丸太を強制的に与えて選ばせると、明らかに感染していない丸太を好んで穿孔する。したがって、エンドファイトに感染しているニレ類（*Ulmus* spp.）はキクイムシの攻撃を受けにくく、当然、そのキクイムシに運ばれているニレ立

* *

4　最近の研究で、絹皮病菌は担子胞子によっても頻繁に伝搬していることが明らかになっている。すなわち本菌は接触伝搬と担子胞子による伝搬の2種類の伝搬様式を有している。もちろん、頻度はともかく、鳥が伝搬に関与していることは、紛れもない事実である。

5　ニレ立枯病の大流行は過去二回起こっている。最初の流行は一九一〇年代に始まり、三〇年代にピークを迎えた後、四〇年頃には終息に向かった。その後、一九六〇年代に入って、現在にいたるまで続いている第二の流行が始まっている。この二度目の流行は最初の流行とは異なった、より侵略力の強い病原菌に起因しており、最初の流行に関与した菌とはその生物学的特性がさまざまな点で異なっている。現在では最初の原因菌を *Ophiostoma ulmi*（オフィオストマ ウルミ）、二回目のものを *Ophiostoma novo-ulmi*（オフィオストマ ノヴォ・ウルミ）として区別している。

枯病菌に感染する確率も低下する。仮に攻撃を受けたとしても、繁殖が抑えられるので、媒介者の密度が減少する方向に働くことになる。すなわちニレは二重の意味で得をしている。エンドファイトが作る二次代謝産物がキクイムシの繁殖阻害に関連するらしい。

英国のウエールズ、北部および西部イングランドやスコットランドでは、*Phomopsis oblonga* が広く生息していることが知られており、ニレ立枯病の被害がゆっくりとしか広がらない原因の一つであると考えられている。

樹木の中には、草本などと比べその寿命が極端に長いものがあり、数百年生きるものもある。その間には、ヒトや動物がそうであるように、さまざまな害虫や病気の洗礼を受ける。

本来、生物は病原菌などの異物に対して、たとえば抗菌性物質を産生するなどして、抵抗したり排除したりする機構を備えている。これらの性質は生まれつき持っている遺伝子の組み合わせによって規定されているので、基本的には一生涯変えることはできない。

一方、病原菌や昆虫は植物に比べ一世代の時間が短く、一年に数世代を経過することも珍しくない。つまり突然変異などにより、特定の植物の持つ防御機構をうち破ったり排除したりする能力を獲得し、その植物に対して非常に強い病原力を示すように特殊化した地域個体群（デーム）が出現する可能性が高い。実際、炭疽病菌の仲間では、たった一つの遺伝子の自然突然変異によって、病原菌だったものが、外見上は病気をまったく引き起こさない内生的な寄生者（エンドファイト）になってしまうことが報告されている。この逆の変異も当然起こりうる可能性がある。

また、たとえばマツ材線虫病のように（3章、4・1）、外来の病原菌（体）や昆虫は、今まで遭遇したことがなかった植物に出会った場合、しばしば甚大な被害を引き起こすことがある。

樹木のような長寿の植物は、エンドファイトと共生することによって得られるさまざまな防御（その多くは共生者である菌が作る化学物質にその基礎をおいている）を利用することによって、突然襲いかかる侵入病害虫や突然変異によって強病原力を獲得した病原菌や害虫の攻撃など、生まれつき持っている防御機構で対処できない不測の事態に備えていると考えられている。

菌類もしたたかではあるが、樹木もなかなかしたたかに生きているらしい。

2・6 ブナのエンドファイト（付録）

ところで余談ではあるが、私もブナのエンドファイトの研究を行ったことがある。残念なことに、それは転勤によって中断を余儀なくされているが、概略を述べておこうと思う。

ブナの葉には十数種類のエンドファイト（ここでは厳密な表面殺菌を行った後、分離される菌をエンドファイトとした）が存在するが、それらのうち、*Discula*（ディスクラ）属菌の一種と未同定の子嚢菌（Lb）が主要なもので、その他の菌の分離率はたかだか数パーセント程度である。これら二種の菌の分離率には明瞭な季節変動が認められ、前者は新葉の展開後、五月下旬から七月中旬に高頻度で分離されるが、その分離率は徐々に低下する。一方、Lb菌は六月下旬に分離され始め、その後徐々に分離率が増加し、落葉直前まで高頻度で分離され続けた。一年以上経過した枝からは、*Phomopsis*（フォモプシス）属の一種が一年を通じて優占していた。おもしろいことに、実験当年に新たに伸長した枝や葉柄では三種の菌が混在していた。

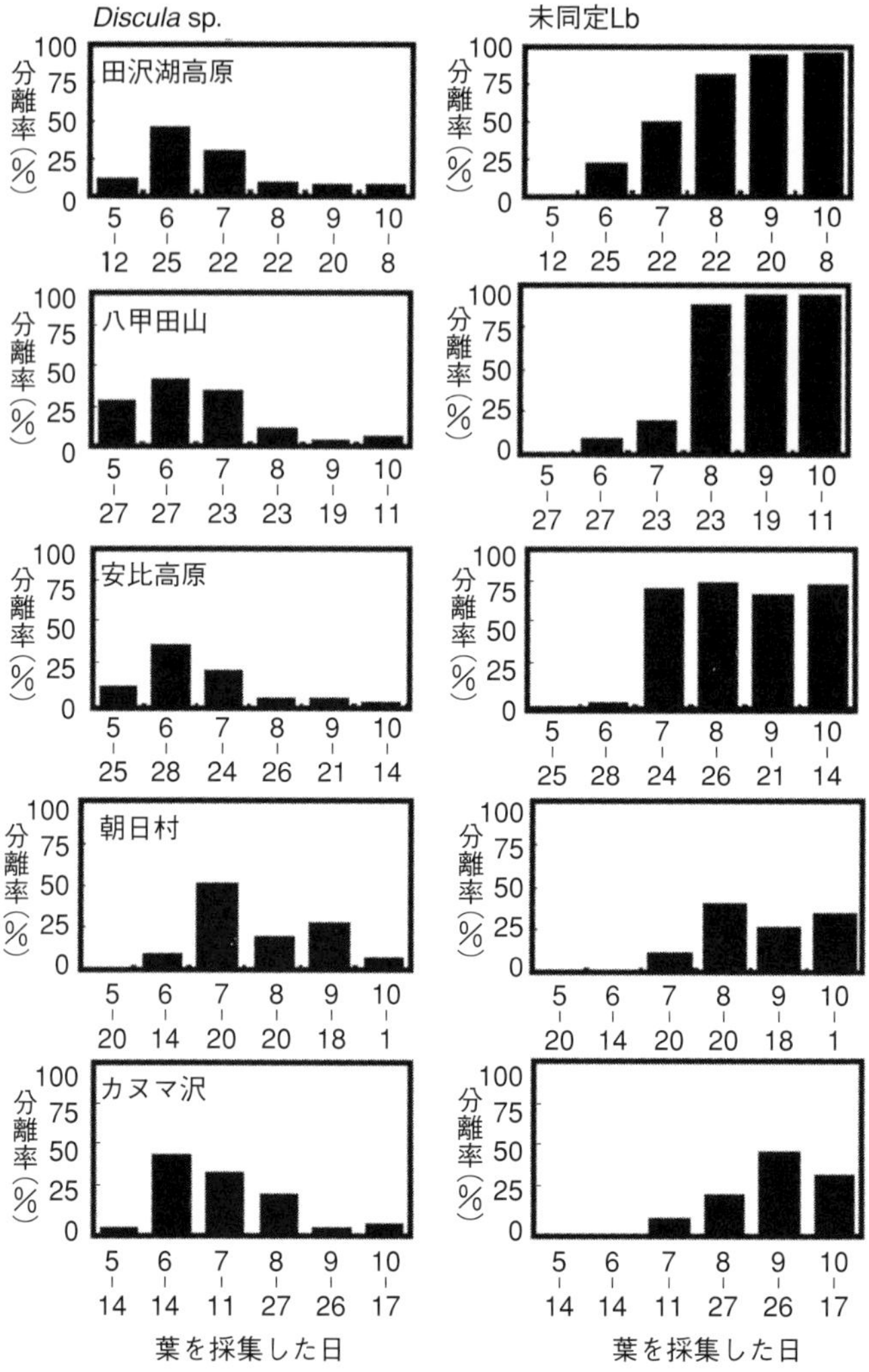

図 3-9　東北各地のブナ葉から分離される 2 種のエンドファイトとその季節変動

ブナにもやはりエンドファイトが存在しており、器官により主要な菌の種類も異なっていたのである。現在のところ、葉では *Discula* 属菌と Lb 菌、枝では *Phomopsis* 属菌がブナの主要なエンドファイトと考えられている。

葉で認められる二種の菌を東北各地のブナ林で調べてみたところ、例外なく二種の菌が優占し、かつ同様な分離率の季節変動を示した（図3-9）。どうやら東北地方ではこれら二種の菌はブナ葉の普遍的なエンドファイトらしい。

早春、まだ林床に雪が残っている時期に、展開しつつある、あるいは展開直後のブナ葉の内部を調べてみると、いかなる菌類も存在していない。したがって、ブナの葉に内生する菌はこの時期以降に新たに感染すると考えられる。東北地方においては、まだ一メートル以上の積雪が林床に残っている四月上旬から七月にかけて、一週間に一度、ブナ林の中にシャーレの蓋を開いた培地をおいて胞子を採集したところ[6]、林床の積雪が完全に消えた直後、五月後半のわずかな期間に、*Discula* 属菌の胞子が集中して飛散していることが明らかになった（図3-10）。積雪が林床をおおっている時期や五月後半以降はほとんど飛散することはない。

* *

6 ブナ林の林床、地上約一メートルの位置に培地の入ったシャーレを並べ、一定時間（この例では一、三、五および一〇分）蓋を空けたままにしておくと、飛散している菌類の胞子が培地にトラップされる。シャーレを研究室に持ち帰り、適当な温度で培養してやると、胞子が発芽し、やがてコロニー（菌叢）を形成する。本研究で問題としている *Discula* 属菌のコロニーは非常に特徴的なので、容易に判別できる。

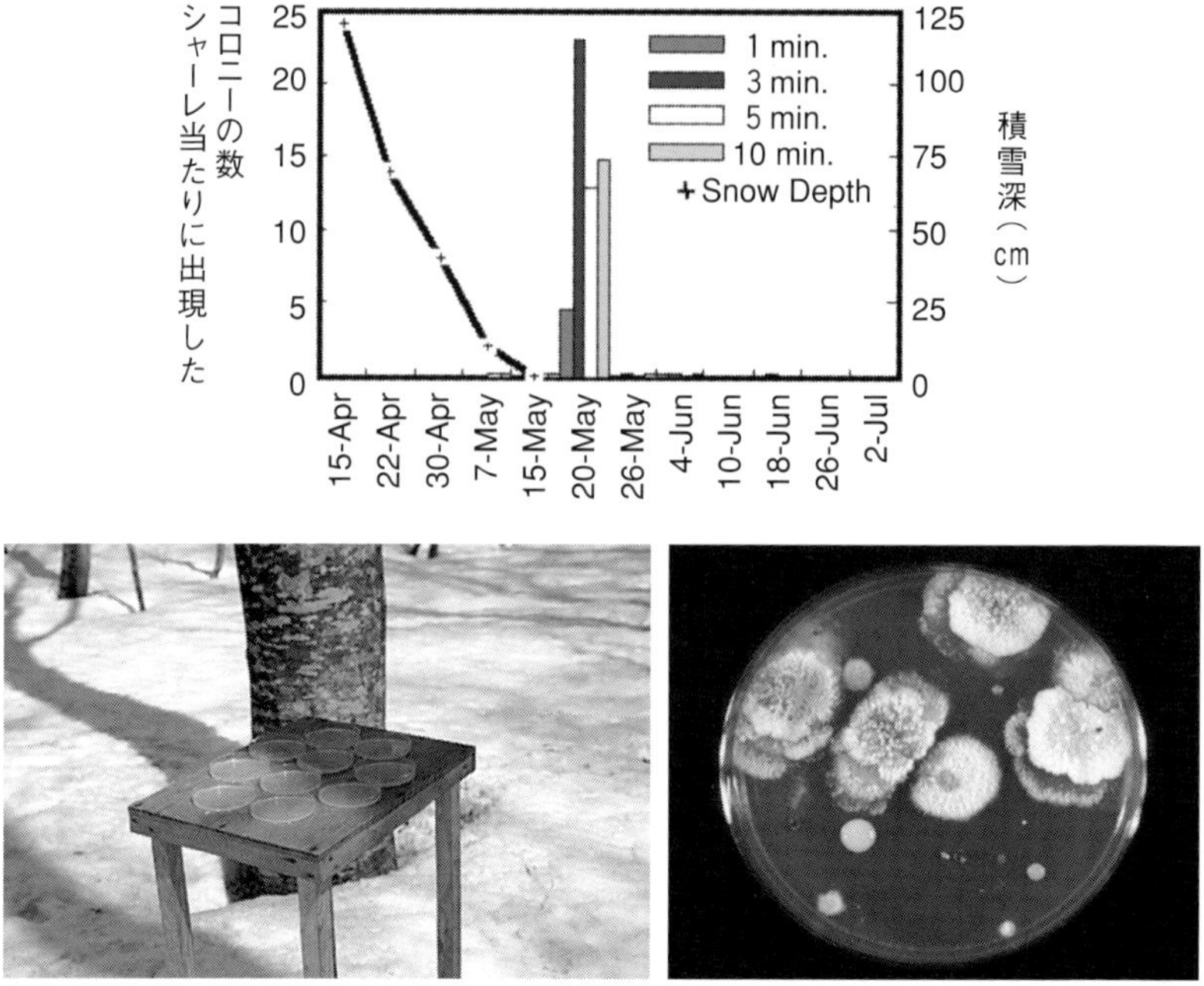

図 3-10　ブナ葉のエンドファイトの一種、*Discula* sp. の胞子飛散
培地の入ったシャーレをブナ林の中で蓋を開け、一定期間放置し（下段左）、飛散胞子をトラップした。シャーレは研究室に持ち帰り、培養した後、出現したコロニー数を数えた（下段右）。胞子は融雪直後の短期間に集中して飛散していることがわかる（上）。

東北地方では、ブナの葉は林床の積雪がとけるのに先立って展開が始まり、それが消失する時期（すなわち胞子が飛散する時期）にはほぼ完全に展開している。おそらく葉に内生していた本菌は、積雪下の落葉の中でゆっくりと活動を続け（本菌の生育適温は一五度前後であり、二五度になると生育異常を示し三〇度では生育できない。比較的低温を好む菌である）、気温が上がり、まわりに存在する競合者の活動が活発となり負けてしまう前に胞子を飛散させ、すでに展開しているブナの新葉に感染するものと考えられる。

このように、本研究はブナのエンドファイトの種構成、分布、生活史のほんの一部がわかったところで休止している。ブナとこれらエンドファイトとの関係は相利的な関係にあるのだろうか、それとも、病気を起こすことはないけれど、菌類が一方的に利益を得ている寄生の関係なのだろうか。エンドファイトの組織内部での存在様式や器官特異性を決める要因はどのようなものだろうか。興味は山のようにある。いつかこの続きを行い、前述した疑問に答えを出そうと密かに思っている(もちろん、読者の誰かがこの疑問に答えを出してくれてもけっこうである)。

今の時代、ストレスは知らず知らずのうちに忍び寄ってくるが、雑用が増えるなど、思ったように研究できないことも私にとっては確実にストレスの一つとなっている。

2・7　冬虫夏草が昆虫密度を制御する

冬虫夏草とよばれるきのこをご存じだろうか。

この一見摩訶不思議な名前は、昆虫寄生性の菌類が作るきのこにつけられたもので、冬には虫の格好をしていたものが、夏には草になること(すなわち虫から生えたきのこが草のように見える)に由来してつけられたものである。バッカクキン(麦角菌)目バッカクキン科に属する菌類で、わが国でもニイニイゼミやアブラゼミなどセミの幼虫に寄生してきのこを作るセミタケやオオセミタケ、カメムシに寄生するカメムシタケなどが知られている。なかなか見つけることは難しいが、きのこが生えている地面を注意深く掘り起こし、セミなどの幼虫から生えてきていることを確認できたときの驚き

図3-11　ブナアオシャチホコの被害
左：八甲田山雛岳で大発生したブナアオシャチホコの被害。白く抜けたように見える部分が食害を受けて葉がなくなってしまった部分。右：旺盛に摂食するブナアオシャチホコの終齢幼虫。金沢大学 鎌田直人氏提供。

と喜びは格別のものであり、自然の不思議さを感じ取ることができる瞬間でもある。

「日陰者」であるので、決して目立ちはしないが、昆虫に寄生する菌類もまた、森林生態系の菌類群集の構成者として、非常に重要な役割を担っている。実は昆虫の密度を制御したり、時として起こる昆虫の大発生を終息させるのに大きな役割を果たしているのである。

ブナの害虫の例を取り上げて説明しよう。ブナは、ご存じのとおり、北海道から九州まで本州、四国を含め、わが国に広く分布している。ミズナラとともに冷温帯地域の森林を特徴づける主要な構成樹種である。

盛夏、ブナ林の緑が一番色濃いころ、ブナの葉がほとんど食べつくされてしまい丸坊主になってしまうことがある（図3-11）。遠くから見ると帯状に食害された部分が水平に広がっているのが確認でき、知らない人はびっくりして、何が起きたのだろうと大騒ぎしてしまう。

この原因はブナアオシャチホコ（*Syntypistis punctatella*）とよばれる蛾の一種の幼虫が葉を食いつくしてしまうこ

とによる。この蛾の大発生は毎年起こるものではなく、八年から一一年周期で起こることが知られている。すなわち、毎年、徐々に密度を上げていきながら大発生にいたる。大発生の時の幼虫密度は一平方メートル当たり一五〇頭にもなり、密度が最低の時（一平方メートル当たり〇・〇一七頭）の一万倍にも達するという。

野外から採取した終齢幼虫の経過観察や野外での蛹の埋め込み実験から、この蛾の死亡に冬虫夏草の一種であるサナギタケ（*Cordyceps militalis* 図３－12）が大きな役割を果たしていることが明らかになってきた。蛾の密度の最大の年に野外の地中に埋め込んだ蛹ではその九五パーセントがサナギタケにより死亡するという。注目すべきは、サナギタケによる高い死亡率が蛾の密度のピークをすぎた後も続き、ピーク後二年目でも七五パーセントもの蛹がサナギタケで死亡するという事実である。

図 3-12　ブナアオシャチホコの寄生者、サナギタケの子実体
金沢大学 鎌田直人氏提供。

サナギタケの子実体（きのこ）は、感染が起こった次の夏に発生するため、ブナアオシャチホコが大発生した（密度が一番高くなった）翌年にその発生量がもっとも多く、それから飛散した多量の胞子によって土壌中の菌密度ももっとも高くなる。このことによって大発生の翌年

でも死亡要因として有効に働くことができる。このようにサナギタケによるブナアオシャチホコの死亡には時間遅れの負のフィードバックが働いている。このような時間遅れの効果は、ブナアオシャチホコの周期的な密度変動を引き起こす重要な要因であると考えられている。

もちろん、ブナアオシャチホコの大発生を終息させる要因はサナギタケだけではなく、クロカタビロオサムシや鳥類などの捕食者、カイコなどのチョウ目に黄きょう病を引き起こす *Beauveria bassiana*（ボーベリア　バッシアーナ）などの昆虫病原性糸状菌も大発生の終息に少なからず関わっている。

2・8　送粉共生と菌類

植物が花を咲かせ、結実して種子を作るためには花粉がめしべに運ばれる必要がある。

植物は受粉のためにさまざまな方法を発達させてきた。一番単純な方法は風に花粉を運んでもらう方法である。この方法では、花粉の到達する場所は風まかせとなってしまい、目的とする同じ種類の植物のめしべに到達する可能性はきわめて低い。非常に無駄が多く非効率な方法である。このような不確実な方法では、天文学的な数の微小な花粉を作り、風によって運んでもらうことで、この非効率性を打破している。裸子植物のほとんどのものがこの風媒による送粉システムを採用しており、春になると毎年のように話題になるスギ花粉などはこの例である。テレビ映像などで見ると、風が吹くたびにあたり一面が黄色く見え、いかに大量の花粉がまき散らされているかがわかる。

しかし、多くの被子植物では動物を花粉の運び屋（送粉者）として採用している。私たちの身近なところで咲いている花に、ミツバチやハエなどの昆虫が訪れているのをよく見かけるが、それらの多

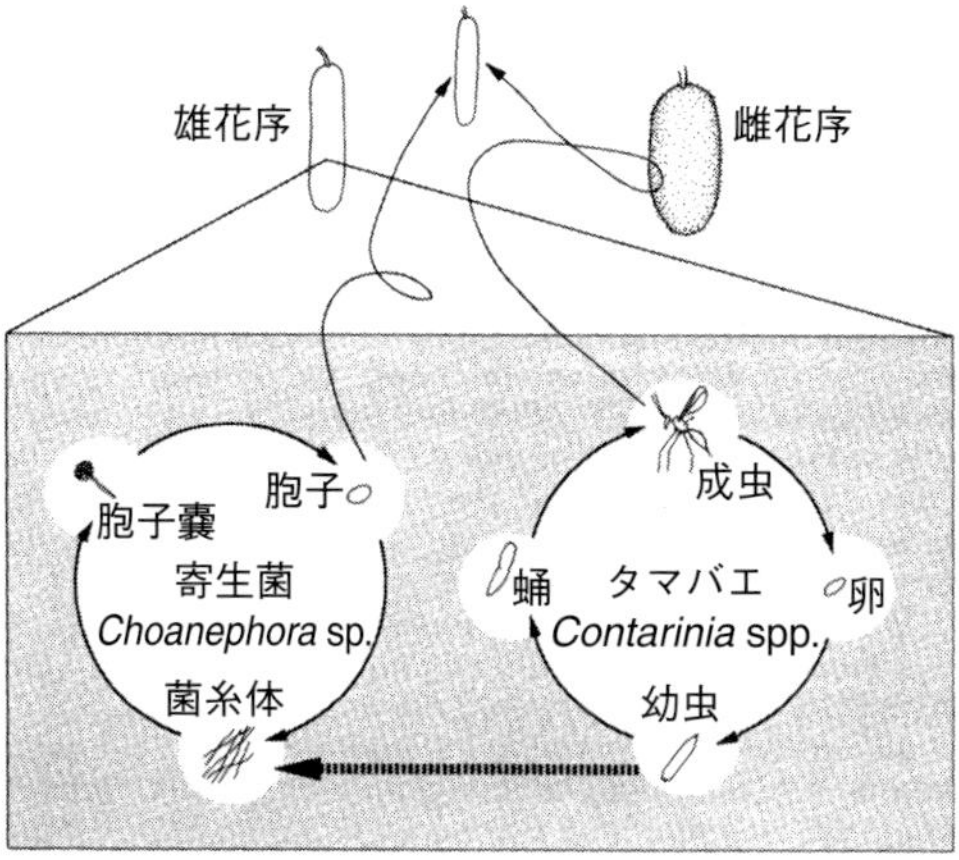

図 3-13　菌類が関与したコパラミツの送粉システム
菌はコパラミツの雄花序にのみ感染しており、タマバエは菌の寄生者である。(Sakai *et al.*, 2000)。

くは花粉の媒介者である。この関係においては、植物は花蜜や花粉を報酬として提供し、昆虫などの動物に花粉を運んでもらうというサービスを受けている。

自分はご褒美の花蜜をたっぷりと出しているということを示すために、花の色や匂いで他の種と区別できるようにしておけば、そこを訪れた昆虫は学習し、次々にそれと同じサイン（花の色や匂い）を出している花を訪れる。このようなシステムでは、報酬としての花蜜の生産にコストはかかるが、送粉者は自分と同種の花を確実に訪れてくれるので、受粉という観点からみれば非常に効率のよいシステムである。

先に述べたような一般的な動物媒の花粉の運搬システムは、植物と送粉者が報酬とサービスを交換している二者の関係である。しかし、昆虫などの動物による植物の花粉の運搬に、いわゆるかびが決定的な役割を果たしている送粉システムも存在する。植物とその送粉者という二者の直接的な関係ではなくて、それに菌類を加えた三者からなるきわめておもしろい送粉システムが存在するのである。

この送粉システムを見つけ出したのは京都大学の酒井らである（図3－13）。熱帯フタバガキ林に広く分布しているクワ科植物、コパラミツ（ヒメパラミツ、*Artocarpus integer*）は雌雄同株で、一本の木に雄と雌それぞれの単性花からなる雄花序と雌花序を作る。この雄花序には糸状菌の一種 *Choanephora* sp.（コアネフォラ属菌の一種）が感染し、その上で広く菌糸体を蔓延させ胞子を形成する。

雄花序、雌花序の両方には、二種のタマバエ（*Contarinia* spp.）が頻繁に訪花するが、そのうち一種が優占種である。この花を訪れるのはこれらのタマバエに限られており、他の昆虫はほとんど訪花することはない。雄花序を訪れた雌のタマバエは菌体から栄養を摂取し、頻繁に産卵する。雄のタマバエはおそらく交尾をするために訪花するらしい。孵化した幼虫もまた菌体から栄養を取っている。タマバエの卵と幼虫、および菌糸体は花を咲かせ始めた若いものを除き、ほとんどの雄花序で認められるという。

雌花序には、菌体も胞子嚢も確認されないし、ほとんど産卵されることはないが、タマバエは雄花序と同様な匂いにだまされて訪花するという。幼虫はやがて、菌によって柔らかくなった花序内で蛹になり、羽化する。雄花序からは、二種のタマバエの両方が出現することが確認されている。すなわち、二種のタマバエはコパラミツの雄花序に寄生する菌、*Choanephora* sp. の寄生者である。

雌雄両花序から採集したタマバエの体表にはコパラミツの花粉が付着していることが確認されて

いるが、雄花序の寄生者である *Choanephora* sp. の胞子は認められてはいない。どうやら、本菌の胞子は風によって運ばれているらしい。タマバエの除去実験はしていないが、上に述べたような観察から、コパラミツの花粉はどうやらタマバエによって送粉されているといっても間違いはないという。

このシステムは、雌のタマバエと幼虫は雄花序に寄生した菌から栄養を得ており、かつタマバエが送粉者となっているというきわめて興味深い関係が成り立っている。タマバエの雌は自分自身や幼虫の栄養になる雄花序に寄生している病原菌を目当てに訪花しているらしいし、雄は交尾のためにやってくる。すなわち、菌類が非常に重要な役回りを演じており、その存在がなければ成り立たない、特殊な送粉共生系である。

花粉の媒介に菌類が関与するなどとは、ほとんどの人は考えもしなかったであろう。しかし、注意深く観察すれば、菌類が関係している送粉システムはもっと一般的に見つかるかもしれない。発見者自身が述べているように、送粉に菌類が果たす役割について、もっと注意深く観察する必要があるだろう。

3　樹木の分布、世代交代に関わる菌類

3・1　繁殖器官に影響をおよぼす菌類（レンゲツツジ芽枯病）

樹木の表面は菌類まみれであり、なかには内部に侵入して病気を引き起こすものがあることは、これまでに何度も述べたとおりであるが、花芽を好んで侵す少々変わり者の病原菌も存在する。

図 3-14　レンゲツツジ芽枯病
左：花芽に形成された芽枯病菌の分生子柄束（矢印）、右：本病の感染により、花を咲かすことなく枯れてしまった花芽。

春、レンゲツツジの鮮黄色の花が満開であるはずの時期、ほとんどの花芽が茶褐色に褐変し、花を咲かすことなく枯死してしまう場合がある（図3－14）。これは *Pycnostysanus azaleae*（ピクノスティサヌス　アザレアエ）という不完全菌類の一種が引き起こす芽枯病にかかったからである。岩手県安比高原では八ヘクタールもの群落のほとんどが芽枯病にかかり、ひどい場合は九〇パーセントもの花芽が被害を受ける場合があるという。

感染は前年度の秋に形成された花芽に分生子が感染することにより起こり、冬までに茶褐色に変色し、翌年五月から六月、本来なら花を咲かせている時期に、黒色の棘のような分生子柄束を形成する（図3－14）。

病気にかかった花芽は花を咲かすことはないので、受粉も正常に行われず、当然のことながら種子を作ることはない。本病は、花芽だけではなく、まれには細枝や葉にも病気を引き起こす場合があるが、個体の生存にはほとんど影響を与えない。しかしながら、繁殖器官である花芽を侵し、種子生産を阻害するので、繁殖や分布域の拡大に大きく影響していることは容易に想像できる。どこでも大発生するわけではないが、レンゲツツジの自生しているところでは、比較的簡単に見つかるので、多かれ少なかれ、その世代交代に影響しているに違いない。

このような例は、菌類が樹木の繁殖や世代交代に関わり合いを持っている特徴的な例である。さらに探せば、同じように生殖器官に感染する菌や、散布される前に種子に付着しており、発芽前に種子を腐敗させてしまったり発芽直後に芽生えを殺してしまう菌類はけっこういるような気がする。

3・2　森林の更新初期に影響をおよぼす菌類（1）暗色雪腐病

トドマツなどの稚樹が、森の中で、まるで測ったように一列に並んで生えているのをご覧になった読者も多いことだろう（図3-15）。これは倒木上に落ちた種子がそこで生育した結果であり、倒木更新として知られている。

北海道の天然林を代表する樹種であるエゾマツやトドマツの更新は、腐朽した倒木や伐根上、有機腐植物に乏しい鉱物質土壌の露出地、およびコケが優占する林床など、非常に特殊な立地に限られている。これは暗色雪腐病菌（*Racodium therryanum*）によって引き起こされる種子の腐敗が大きな原因である。

図 3-15　エゾマツの倒木更新
左：腐朽部位から折れたエゾマツ、右：倒木上に更新したエゾマツ稚樹。森林総合研究所 山口岳広氏提供。

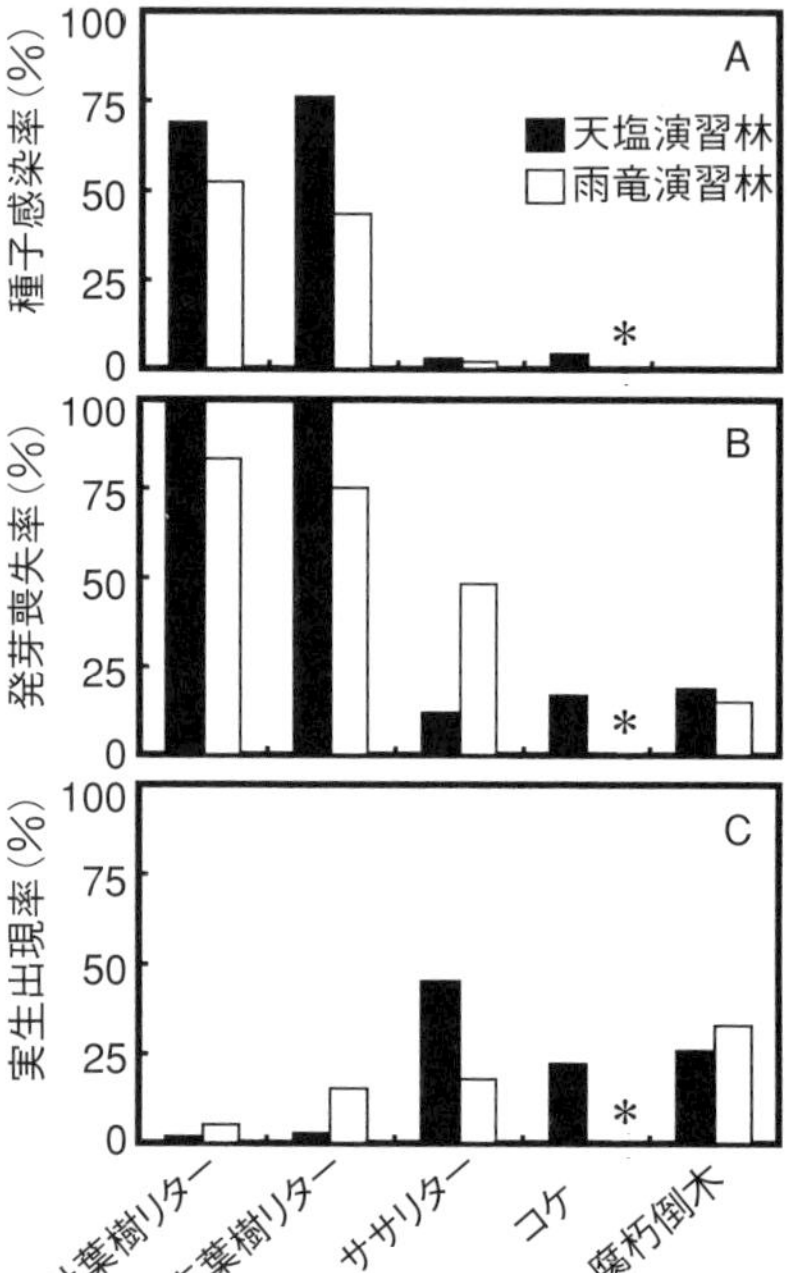

図 3-16　異なる林床型におけるエゾマツ種子の暗色雪腐病菌感染率（A）、発芽喪失率（B）、および実生出現率（C）
＊雨竜演習林にはコケ型林床は存在しない。（程、1989）から作成。

北海道北部のトウヒ類やトドマツからなる林の林床は、針葉樹リター、広葉樹リター、ササリター、コケ、腐朽した倒木や伐根などからなる。詳細な調査結果によれば、これらのうちコケ型林床と腐朽倒木上では種子の感染率、発芽喪失率ともに低く、実生の出現率が高いという（図3-16）。すなわち、このような場所では、病原菌がほとんど存在しないか仮に存在しても、非常に密度が低い。倒木や伐根はトドマツやエゾマツが菌害を回避できる絶好の場所（セーフサイト）になっているわけである。

本菌による種子腐敗の発生には、低温（〇〜一〇度）と高湿度（九二〜一〇〇パーセント）が必要であるが、北海道多雪地帯の積雪下の環境条件がこれらに合致するため、積雪期間が三〜四カ月以上続く場所では、植栽林の天然更新はほとんど不可能であるという。

ちょっと大げさではあるが、目には見えない「日陰者」である菌類が制限要因となり、エゾマツやトドマツの分布域を決めているということもできるかもしれない。

ある樹種の天然林が成立し得るか否かは、その稚苗が菌害を回避できるかどうかで決まるという「菌害回避更新論」を唱えたのは倉田益二郎博士であるが、その先見には敬服させられるものがある。彼も「日陰者」を中心に考えていたのか、などと想像してしまう。

今一度、この説に対して、さまざまな樹種とそれらの病原菌との関係において再考してみる必要があるように思う。

3・3　森林の更新初期に影響をおよぼす菌類（2）苗立枯病

早春、ブナ林を歩くと、まだところどころに雪の残った林床から、小さなブナの実生が芽生えているのを見ることができる。とくに種子の豊作年には一平方メートル当たり数百から一〇〇〇個もの多量の種子が落下し、翌春には多数の実生が発生する。場合によっては一面ブナ畑のような状態（図3－17）になり、思わず足を踏み入れるのも躊躇してしまう。

このように大量に発生した実生も夏頃までに急激に枯死し、その個体数を減らしてしまい、その年の終わりにはすべての実生がなくなってしまう場合も少なくない。

この早急な枯死には、小型哺乳類（おそらくは野兎）による下胚軸の切断などさまざまな原因が関与しているが、その中でも菌類による出芽後苗立枯病（post emergence damping off）が主要な原因であることがわかってきた。すなわち、立ち枯れ症状を呈して間もない新鮮な当年生実生から菌類の分離を試みた結果、多くの農作物や果樹に炭疽病という恐ろしい病気を引き起こす菌の仲間である *Colletotrichum dematium*（コレトトリカムデマチウム）という菌が、高率に分離されることがわかったのである。その後の調査で、本菌は、東北地方の広い範囲において、実生の発生年、発生場所に関わらず、高率に分離されることが明らかにされている（表3－3）。

また、分離された菌を実験的にブナ当年生実生に接種してやると、傷をつけて接種した場合だけでなく、無傷で接種した場合でも、野外で見られるのと同じ症状（病徴）を示して枯死し、枯死した実生からは接種に用いた菌と同じ菌が再分離されることも確認されている。このように、ある微生物が、病原菌であることを証明するための条件である「コッホの原則[7]」を満たしていたので、本菌が

図 3-17　ブナの芽生えと立枯病
上：林床一面に発生したブナの芽生え（左、中）とそのクローズアップ（右）、下：野外で発生した立枯病（左）と罹病した芽生え（右）。三重大学 伊藤進一郎氏一部提供。

＊　＊

7
ある微生物が病気の原因であることを証明するための原則。その原則によれば、ある微生物が病気の原因であるとき、（1）病変部につねにその微生物が存在すること、（2）その微生物が純粋に取り出され（分離され）培養されること、（3）その微生物を健全な植物に接種し、自然に見られるのと同様な病徴が再現され、さらにそこから接種に用いたものと同じ微生物が再分離されることという条件が満たされなければならない。

表3-3　東北各地のブナ林から採取した立ち枯れ症状を呈した芽生えからの病原菌（*Colletotrichum dematium*）の分離

調査地	調査年	調査月	調査した芽生えの数	分離率（%）
青山県				
八甲田山	1990	7月	23	95.7（22）*
	1993	6月	90	94.4（85）
		7月	71	98.6（70）
秋田県				
田沢湖高原	1990	7月	68	55.9（38）
	1993	7月	31	83.9（26）
	1994	6月	50	80.0（40）
		7月	62	91.9（57）
岩手県				
安比高原	1994	6月	58	91.4（53）
		7月	58	87.9（51）
八幡平	1994	7月	84	97.6（82）
カヌマ沢	1994	7月	37	73.0（27）

* *C. dematium* が分離された芽生えの数

立ち枯れ症状を引き起こす菌であることは間違いがない。

一般に、*Colletotrichum* 属の病原菌は草本から木本まで、かなり広い範囲の植物に病気を起こす多犯性の菌であるとされているが、その反面、病原力はそれほど強くなく、宿主植物が何らかの原因で衰弱したり、実生のようにその外敵に対する防御機構が十分に構築できていない場合に病気を引き起こす。

Colletotrichum dematium も例外ではなく、光条件が十分な場所で育てた実生に本菌を接種しても枯死することはないし、野外で一年以上生存した実生が本菌による立枯病で枯死する例は少ない。芽生えたばかりの実生は病原菌などの異物に対する物理的な障壁（外樹皮の形成など）も発達しておらず、また動的な防御[8]に回す資源も十分でないため、病原力の弱い菌に対しても簡単にやられてしまう。

それでは本菌はたまたま条件がそろったので、ブナ実生に日和見的に感染したのだろうか。

成熟したブナ林においては、当然のことながら、その種子は林冠の閉鎖した光環境の悪い場所に落下することを余儀なくされている。そのような条件で病気を引き起こす *Colletotrichum dematium* はその病原力が弱く、防御機構が十分に発達していない実生しか侵せないとしても、十分病原菌として機能しているととらえることができる。

このように、植物にとって好適な条件では病気を起こすことができない菌類も、条件がそろえば病原菌として機能する例はほかにもたくさん存在するだろうし、とくに森林生態系においては、このような関係が森林の動態に大きく影響をおよぼすことも多々あるかもしれない。

* *

8　植物の持つ微生物などの異物に対する防御機構（抵抗性）は動的なものと静的（構成的）なものに分けて考えることができる。静的防御（抵抗性）とは、植物が生まれつき持っている特性（構造や物質）が、そのまま防御機構として機能している場合で、構成物質そのものが抗菌性を示す場合などをいう。葉などから直接侵入する病原菌に対してはクチクラ層が厚いこと、水孔や気孔など、植物の自然開口部から侵入する病原菌に対しては、その数が少ないことや侵入しにくい構造になっていることなどは静的防御機構ととらえることができる。一方、植物が病原菌を認識した後に働き始める防御機構を動的防御機構とよび、侵入部位に形成され物理的防御壁として働くパピラ（乳頭状突起）の形成、細胞壁のリグニン化、二次代謝産物であるファイトアレキシンと総称される抗菌性物質の産生や、抵抗性に関与すると考えられているPR－タンパク（pathogenesis-related protein）の合成などが含まれる。動的防御には当然そのためのコストがかかる。

3・4　森林の更新初期に影響をおよぼす菌類（3）研究余話

ここで一つ、笑うに笑えない、とんでもない思い込みによる失敗談を紹介しよう。

私がブナの実生の早急な枯死現象に真剣に取り組んでいたころ、ちょうど、その主要な枯死原因が前述した炭疽病菌の一種、*Colletotrichum dematium* であることを確信し、また、その菌がブナの落葉（リター）に生息していて、それからまさに芽を出しつつある実生の胚軸に感染することが明らかになりつつある頃のお話である。

炭疽病菌の仲間はさまざまな植物に病気を引き起こすことなく潜在感染しており、傷害などのストレスによって発病する場合が多い。落葉広葉樹も例外ではなく、やはり葉に炭疽病菌が潜在している。

散歩しているときか、はたまた自宅で寝転がっているときか忘れてしまったが、いずれにしてもぼんやり考え事をしていたときのことである。ブナの実生に立ち枯れを引き起こす炭疽病菌も、もしかしたら健全な葉に潜在感染しているかもしれないと思いついた。もしそうであるならば、秋になって落葉した葉は死んだ組織であるので、最初からそこに存在するものの優位性、ゆえに新鮮な落葉を占有できるかもしれない。

その落葉が実生への菌の感染源になっているとしたら……。それは親木のブナの葉で病気を起こさずに生活している菌が、すなわち親木が飼っている菌がその子供を殺す役割を演じていることを意味する。私の心はすぐさま英国の有名な科学雑誌、「ネイチャー」へと飛んだ。もちろん、その程度の発見でネイチャー誌が採用してくれるかどうかは疑わしいが、それはともかく、当時の私には親の元でぬくぬくと暮らしている菌が、その子供を殺してしまうということは、非常に興味深い重要な発見であると思われた。

それからしばらくの期間は、外見上健全なブナ葉に炭疽病菌が潜在感染しているかどうかを調べるために費やされることになる。

さて、結果はというと非常に無惨なものであった。健全な葉にも菌類が存在することはわかったが、目的とする炭疽病菌の仲間はまったく分離されてこない。ごくごくまれに分離されることはあっても、それはブナ実生の枯死を起こすものとは別の種類であった。

あるときがっかりしながら、今まで分離に使用して、そのまま残しておいた大量のシャーレを処分しようと思い、ぼんやりと眺めていると、何やら同じ種類のかびばかりが分離されている。はっと気がつき、転んでもただでは起きないことにした。何度か追試をしてみると、ブナの健全葉内部には特定の菌類が生息していることがはっきりしてきた。ブナのエンドファイトの研究の始まりであった。

エンドファイトの研究結果は、さすがにネイチャー誌とはいかなかったが、何報かの科学雑誌に掲載されることによって、ようやく陽の目を見ることとなった。他の人から見れば滑稽きわまりない話であるが、本人はかなりまじめに考え、取り組んだものである。

「日陰者」のしたたかさにまんまとやられた気がしたが、これからもこの謎多き「日陰者」と長く付き合っていこうという気になったのも事実である。

図 3-18　幹折れによってできたギャップ
左：風によって腐朽部位から折れた樹木。ギャップは木材腐朽菌の働きにより、幹が物理的に弱くなり、台風などで腐朽部位から折れたり倒れたりしてできる場合も多い。右：ブナに発生したツリガネタケ。ブナは外見上健全に見えるが、内部は腐朽しており、場合によっては空洞化している。

3・5　木材腐朽菌と森林の世代交代（ギャップを作る腐朽菌）

森や林の中は暗く、鬱蒼としているというイメージがある。もののけ姫に出てくるような森のイメージである。照葉樹林はもちろんのこと、冷温帯を代表するブナやミズナラなどの落葉広葉樹林でも、葉が生い茂り林冠が閉鎖してしまう晩春から初秋にかけてはかなり薄暗い。

しかし、実際に森林の中を散策してみると、ところどころに明るく開けた場所があることに気がつく。たいていは大きな倒木が横たわっている場所である。つまり、林冠を構成する大きな樹木が倒れることによって、林冠にぽっかりと穴が開いてしまったのである。このような穴は（林冠）ギャップとよばれており、林床の光環境が周囲に比べて格段によくなるので、多くの実生や稚樹の格好の生育場所となる（図3－18）。ギャップができる原因はさまざまではあるが、木材腐朽菌もその形成に大きく関わっている。

外見上は健全に見える樹木、これらの中には木材腐朽菌が侵入している場合が多く、密かに材部を侵し続けている。ひどい場合には、根元部分の材が腐れ落ち、内部が空洞化していることも多い。外部からは窺い知る術もないが、長い時間をかけて、知らず知らずのうちに内部を腐らせている。いわゆる「生体分解者」の仕業である。

樹木の生存に必要なのは、形成層や片材部など幹の外側の部分なので、すでに機能を失った細胞からなる心材部が侵されても、その生理活動に支障はなく、樹木が生きていくうえで何ら不都合は起こらない。しかし、腐朽菌の被害を受けた樹木は、風などの物理的撹乱に弱いため、腐朽部分で折れてしまうことは容易に想像できるだろう。

一九五二年から三年間にわたり北海道の石狩川源流原生林総合調査[9]が実施され、菌害も今関六也博士を中心とするグループによって、エゾマツ、トドマツの腐朽病害を中心に詳細な調査が行われた。このときに採集され、種名が確定した腐朽菌は全体で五七種におよび、そのうち木が生きているうちから侵入し腐朽を始める立木腐朽菌が二五種であったという。

＊　＊

9　本調査は、当時現存したおそらく最大の原生針葉樹林の総合調査で、旭川営林局によって行われたものである。調査団は植生、土壌、気象などの基礎部門、虫菌害部門、施業部門からなり一九五二年〜一九五三年の八月に二回の一斉調査が行われたが、菌害班だけは翌一九五四年九月に追加調査を行っている。

エゾマツ、トドマツなど針葉樹の立木腐朽菌についてみると、幹を腐朽させる菌(幹腐朽菌)が六種、根から侵入し幹の根元を腐らせる菌(根株腐朽菌)が一三種である。幹腐朽の被害は一パーセントを若干超える程度であるが、根株腐朽の被害は非常に高く、トドマツでは調査総本数七三一本のうち三七一本(五一パーセント)、エゾマツでは四三〇本のうち一七三本(三五パーセント)が被害木であったという。やはり多くのものが、長い年月のうちに、腐朽菌に知らず知らずのうちに侵されていたのである。

この原生林は、調査期間中二度にわたり春の温帯低気圧に見舞われ、かなり強い風が吹いている。一九五二年五月の例では、それほど強い風速(一二〜一五・四メートル)ではなかったものの、調査した風害木のうち風で折れたものはすべて腐朽被害を受けたもので、いずれも腐朽部位で折れていたという。一九五四年の風害でも、ある林では風で折れたものの八三パーセントが菌害木であったという。この被害では、風で折れたものが必ずしもすべて腐朽被害を受けたものではないが、より強い風(風速一五〜二二メートル)が吹いたため、腐朽被害木以外のものも折れたと考えられている。

このように腐朽菌に侵された樹木は、物理的強度が低下し、風速一〇メートル程度のそれほど強くない風によっても、健全な樹木より折れたり倒れたりしやすい。すなわち、光環境が周囲に比べて格段によく、多くの実生や稚樹の格好の生育場所となるギャップの形成に、木材腐朽菌が、間接的ではあるが、大きく関わっているのである。

また、倒れた木の上はエゾマツやトドマツなどの実生が菌害を回避して生育する格好の場所であることを思い出してほしい(3章、3・2)。木材腐朽菌は、ただ単に木質廃棄物の掃除屋というだけではなく、森林の世代交代にさまざまな形で関わっていることを認識したいと思う。

余談ではあるが、上に述べた多くの調査が行われた原生林は、三回目の菌害調査が行われたわずか三日後に、洞爺丸を転覆させ、一〇〇〇人以上の死者を出した台風一五号により、一夜にして破壊されてしまった。

3・6　病原菌が森林の多様性を維持する

重力散布のような様式によって種子をまき散らす樹木では、種子は親木のまわりに大量に落下し、親木から離れるにしたがい落下量は少なくなる。もし実生の死亡がランダムに起こるとすれば、同種の樹木が集団で生育するような空間分布パターンを示すことになる。しかし、精力的に研究されている熱帯林においては、そのような現象は決して多くはなく、多数の種が低密度で存在する非常に多様性の高い森林を構成する。

熱帯林では、植物と特異的な関係を結ぶ昆虫や哺乳類、病原菌が多数存在する。ある樹種のまわりには、その種（宿主）に特異的な捕食者や病原菌が高密度で存在するため、親木に近いところに高密度で散布された種子や実生は、資源量も豊富であり、特異的な捕食者や病原菌の被害を受けやすい。したがって、実生の生き残る確率は親木のまわりで低く、親木から離れるにしたがって高い。もしそうであれば、親木のまわりには、他樹種が侵入しやすい状況が生まれ、結果として熱帯林の樹木の高い種多様性を維持しうる（ジャンツェン - コネルの仮説）。

このような仮説に対する検証例は熱帯地方、とくに中南米で行われており、このモデルが示唆する稚樹の分布パターンを示す例も報告されている。しかしながら、親木からの距離（あるいは密度）に依存した高い死亡率を説明する種特異的な病原菌や捕食者まで特定された例はない。また、日本を含む冷温帯地域ではほとんど研究は行われていなかった。

最近、サクラの一種（*Prunus serotina*）の同齢実生集団の三年間にわたる調査から、温帯地域でも、ジャンツェン‐コネルの仮説から予想された実生の死亡パターン（親木から離れるにしたがって生き残る実生の割合が高い）にしたがう例が示された。この報告では親木の直下（〇〜五メートル）から採取した土壌を滅菌して実生を生育させると、非滅菌土壌に比べ実生の生存率が高くなるが、より離れた場所（二五〜三〇メートル）から採取した土壌を滅菌しても実生の生き残りに関係しないこと（すなわち親木の直下の土壌では、滅菌することにより病原菌が死滅するので生存率が高くなるが、より離れた場所の土壌では、もともと病原菌の密度が低いので滅菌の影響は少ない）、枯死実生から分離された土壌病原菌である *Pythium* 属菌（*Pythium* spp.）はサクラの一種を確かに死亡させることが報告されている。

Pythium 属菌は一般に宿主特異性が低いジェネラリスト、すなわち宿主を選り好みしない多犯性の菌である。この例では、本菌の影響がサクラと他樹種に対して異なっている（つまり病気を起こす能力に差があり、サクラに対する病原力が強い）ことをさまざまな観察例から推定して、特異的な病原菌と同じ作用をすると結論しているところが弱点ではあるが、病原菌による距離に依存した実生の死亡の説明には成功している。

おおざっぱに理解すると、私たちが住んでいる日本の森林でも菌類などの病原菌が森林の多様性を高めているということになろう。研究途上の話であり、このような機構がどの程度機能しているかについては不明ではあるが、菌類もなかなかいろいろやってくれると、私などは顔がほころんでしまう。

4 侵入病害の恐怖

4・1 日本のマツ枯れ

新幹線の車窓から、針葉が赤くなったマツや、落葉して樹幹だけになったマツを数多く見ることができる。ほとんどの場合、マツ材線虫病（松くい虫被害）で枯れたマツである（図3-19）。

わが国のマツ（主にアカマツ（*Pinus densiflora*）とクロマツ（*Pinus thunbergii*））に莫大な被害を引き起こし、今なお猛威を振るっているマツ材線虫病（pine wilt disease）は、前世紀の初め（一九〇五年前後）、長崎でその被害が確認されて以来、九州地方はもとより、岡山県、兵庫県など西日本のマツを次々と枯らし、一九六〇年代には関東地方以西に広く発生が認められるようになった。一九七〇年代になるとその被害は北関東、甲信越、さらには東北地方でも確認され、現在では北海道と青森県を除く全国でその被害が確認されている（図3-20）。

日本で最初に発見され、その原因が明らかにされた本病[10]は、現在では侵入病害であることが明らかになっており、その病原であるマツノザイセンチュウ（*Bursaphelenchus xylophilus*、1章、図1-10）が北米大陸から持ち込まれたことによるものであることは間違いない。

図 3-19　日本のマツ枯れ
日本のマツ枯れ（マツ材線虫病）は北アメリカから侵入したマツノザイセンチュウを病原とし、各地で日本在来のマツに大きな被害をおよぼしている。上段：桜島におけるクロマツの被害。森林総合研究所 秋庭満輝氏提供。下段：沖縄本島におけるリュウキュウマツの被害。

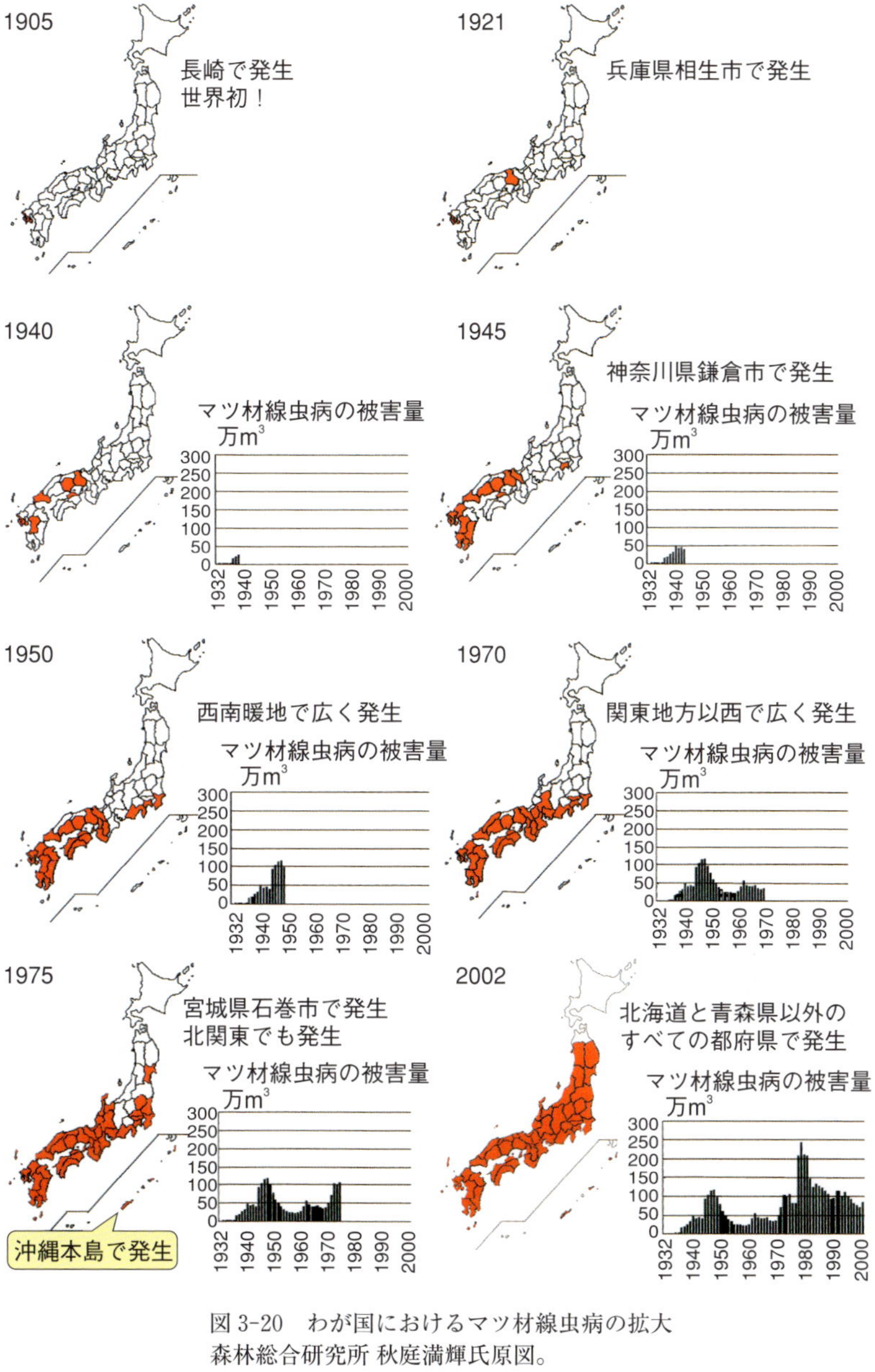

図 3-20　わが国におけるマツ材線虫病の拡大
森林総合研究所 秋庭満輝氏原図。

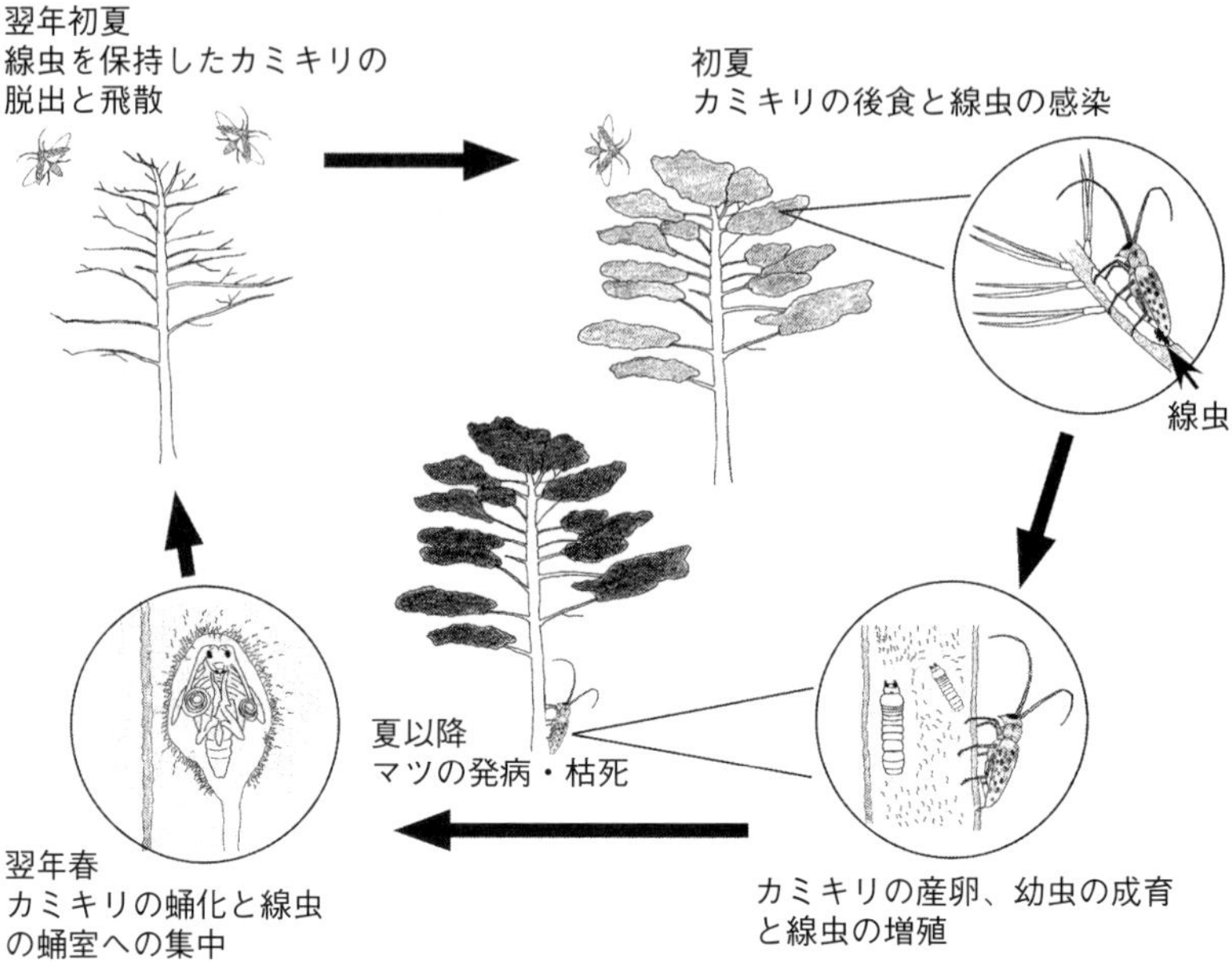

図 3-21　マツ材線虫病の伝染環
森林総合研究所　秋庭満輝氏原図

長さわずか一ミリメートル程度のマツノザイセンチュウは、当然、自分では分散できない。そのため自らを運んでくれる媒介者（運び屋、vector）が必要である。日本では二種のカミキリムシが本線虫を伝播することが知られているが、カミキリムシの行動とマツの発病経過との関係や被害地での個体数などからマツノマダラカミキリ（*Monochamus alternatus*）が主要な媒介者であると考えられている。

すなわち、枯死木から羽化・脱出した線虫を保持しているカミキリムシが健全なマツの若い枝を後食する際、線虫がカミキリムシから離脱し、その傷（後食痕）から侵入する。その後、線虫は増殖し、マツを衰弱させ樹脂の浸出を止めてしまう。衰弱したマツはカミキリムシの格好の産卵場所となる。卵から孵った幼虫は、樹皮下を食害しながら成長し、やがて、材内に穿孔し蛹になるための特別な部屋（蛹室）を作って越冬する。越冬した幼虫は翌年の春に蛹になり、やがて羽化して成虫になる。この頃になると、線虫は蛹室のまわりに集まり、カミキリムシの気管の中に大量に侵入する。このような経緯で大量の線虫を保持したカミキリムシが、再び新しい健全なマツに飛び立っていくという具合である（図3－21）。

*　*

10 日本のマツ枯れ（マツ材線虫病）は長い間その原因がわからず、多くの昆虫学者や植物病理（樹病）学者がそれぞれの立場から、その原因解明に取り組んできた。その原因が線虫の一種であることを発見したのは清原友也・徳重陽山の両氏（当時農林省林業試験場九州支場）である。彼らは枯れたマツにマツノザイセンチュウ（当時は *Bursaphelenchus* sp.）がいることを見出し（一九六九）、その後、接種試験によってその線虫がマツに対して明確な病原性を示すことを確認した（一九七一）。

その当時、病原菌を探索していた両氏は、枯死したマツの材内におびただしい数の一種の線虫が生息していることに気づいた。このとき清原は上司であった徳重に相談することなく、支場内にあるマツ数本に、こっそりとその線虫を接種しておいたという（清原私信）。一、二カ月たってもとくに変化がなかったため、本人もすっかり忘れていたらしいが、通勤途中の道路そばにある見本林で接種しておいたマツが赤くなっているのに気づき、あわてて別の場所の接種マツを見にいくと、五本のうち三本が赤くなって枯れていたという。マツがマツノザイセンチュウで枯れることが明らかになった瞬間である。後にその線虫を命名記載（本線虫は最初 *Bursaphelenchus lignicolus* として記載された）することになる真宮靖治（当時目黒にあった農林省林業試験場）は、枯れた現場を見てもにわかには信じることができなかったという（真宮私信）。

研究者は、失敗したときや予期せぬ結果に遭遇したときに、どのように振る舞うかは重要な素質である（と思っているし、また、そう思いたい）。ノーベル賞を受賞した白川英樹博士や今や国民的英雄である田中耕一氏も、単純な失敗が後の大成功につながったという。セレンディピティ（serendipity）とはこういうものかと思う。

おそらく、北米でザイセンチュウの運び屋として機能しているカミキリムシとザイセンチュウが輸入材とともに九州に持ち込まれた。そこから脱出したカミキリムシが、日本のマツに飛来し後食することによって、その後日本のマツに莫大な損失を与えることになる伝染病の歴史的な初感染が起こったと考えられている。

ところで、日本におけるマツノザイセンチュウの運び屋、マツノマダラカミキリはマツノザイセンチュウが侵入する以前には、さまざまな原因で衰弱したマツに依存して、その生活史をまっとうしていたと考えられる。本病に対するマツの抵抗性は種類によって異なっているが、わが国在来のマツ、とくにクロマツやアカマツは本病にとくに弱いもの（感受性）であった。このことが、これほどの大被害をもたらした大きな原因である。それまで、不確実な資源に依存して生活していたマツノマダラカミキリは、マツノザイセンチュウを伝播することで、結果としてマツを衰弱させ、産卵に適した木を次々に生み出し個体数を増加させることが可能となったばかりでなく、そのことが、さらにマツノザイセンチュウの伝播を助長する方向に働いたからである。

一方、北アメリカ土着のマツの多くは抵抗性である。北アメリカに広く分布しているマツノザイセンチュウは、本来、枯死したマツ上に生息している青変菌などの菌類を餌として生活している。すなわち二次的な寄生者であり、マツがほかの何らかの原因で衰弱したような場合にのみ病気を引き起こす。このように、マツノザイセンチュウの原産地である北米では、本病は大きな被害を引き起こすことのない風土病的な存在である。

この例のように、病原菌（体）や昆虫は外国から持ち込まれるなどして、今までに遭遇したことがなかった植物や環境に遭遇した場合、しばしば甚大な被害を引き起こすことがある。長い時間をかけてできあがった、安定した生物間相互作用のネットワークの中では、ある病原体が特定の生物種を絶滅の危機に陥れるようなことは起こりにくい。そのような状況にならないような制御機構が働いているからである。たとえば病原菌に対して、生物は抵抗性（防御機構）を発達させるなどして対応するし、病原菌などの特定の生物種が増えすぎないように、それと競合する生物が病原菌を抑える方向に働く。しかしながら、本来その相互作用の中に組み込まれていない生物が突然入り込むと、新たな生物間相互作用が生じ、それは多くの場合、きわめて不安定な関係を作り出す。すなわち、持ち込まれた病原菌が大暴れして、大被害を起こすような状況が生まれる場合も多い。

ここからしばらくの間、わが国におけるマツ材線虫病に勝るとも劣らない恐ろしい被害を引き起こしている侵入病害について紹介しよう。

＊　＊

4・2　ニレオランダ立枯病（ニレ類立枯病）

世界三大樹木病害[11]として恐れられているものの一つに、ニレオランダ立枯病（Dutch elm disease）が

11　上記のニレオランダ立枯病（Dutch elm disease）、クリ胴枯病（Chestnut blight）およびゴヨウ（五葉）マツ発疹さび病（White pine blister rust）。日本のマツ枯れ（マツ材線虫病）を含めて世界四大樹木病害ということもある。なお、最近、北海道においてハルニレ、オヒョウの倒木やシカによる剥皮被害木及びそれに穿孔しているニレノオオキクイムシから、ニレ類立枯病菌（*Ophiostoma ulmi* および *O. novo-ulmi*）が分離され、本菌が北海道にも生息していることが確認された。今後、分布拡大など、その動向に十分な注意を払う必要がある。

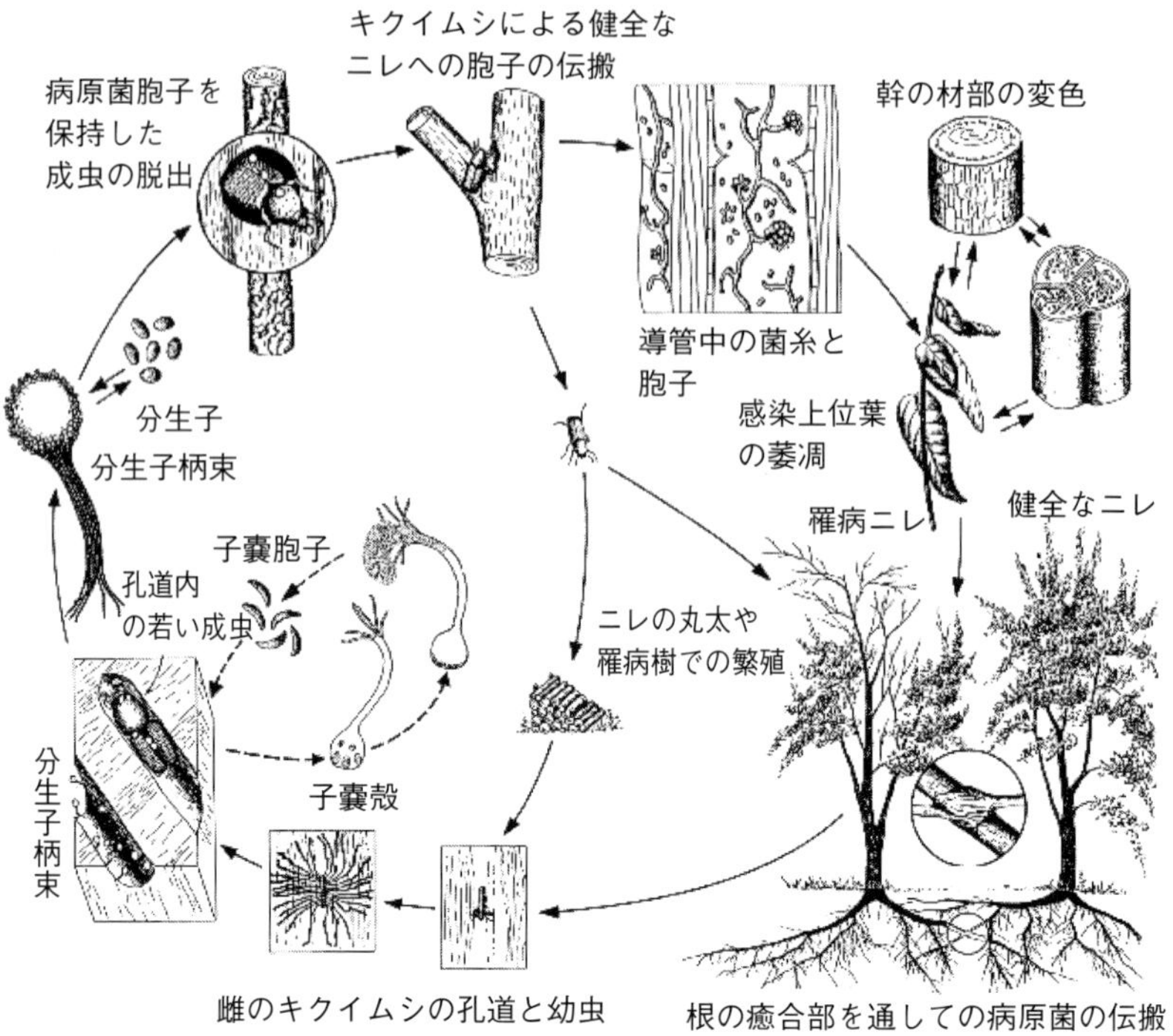

図 3-22　ニレオランダ立枯病の伝染環
（Agrious, G. N., 1997）から作成。

ある。オランダの女性科学者が、ニレに猛威を振るっていた本病の研究に、初期の頃勢力的に取り組んだので、この名前がつけられたという。日本在来のニレ類、ハルニレやオヒョウなどはこの病気に抵抗性で、ほとんど問題になることがないので、病気の専門家でもなければほとんどなじみのない名前である。

しかし、ヨーロッパや北アメリカでは、日本のマツ枯れ（マツ材線虫病）に匹敵する大被害を引き起こし、ニレ類にとっては最大の恐怖となっている。

この病気は病原菌、宿主（ニレ類）および病原菌胞子を運ぶ樹皮下キクイムシ（*Scolytus*

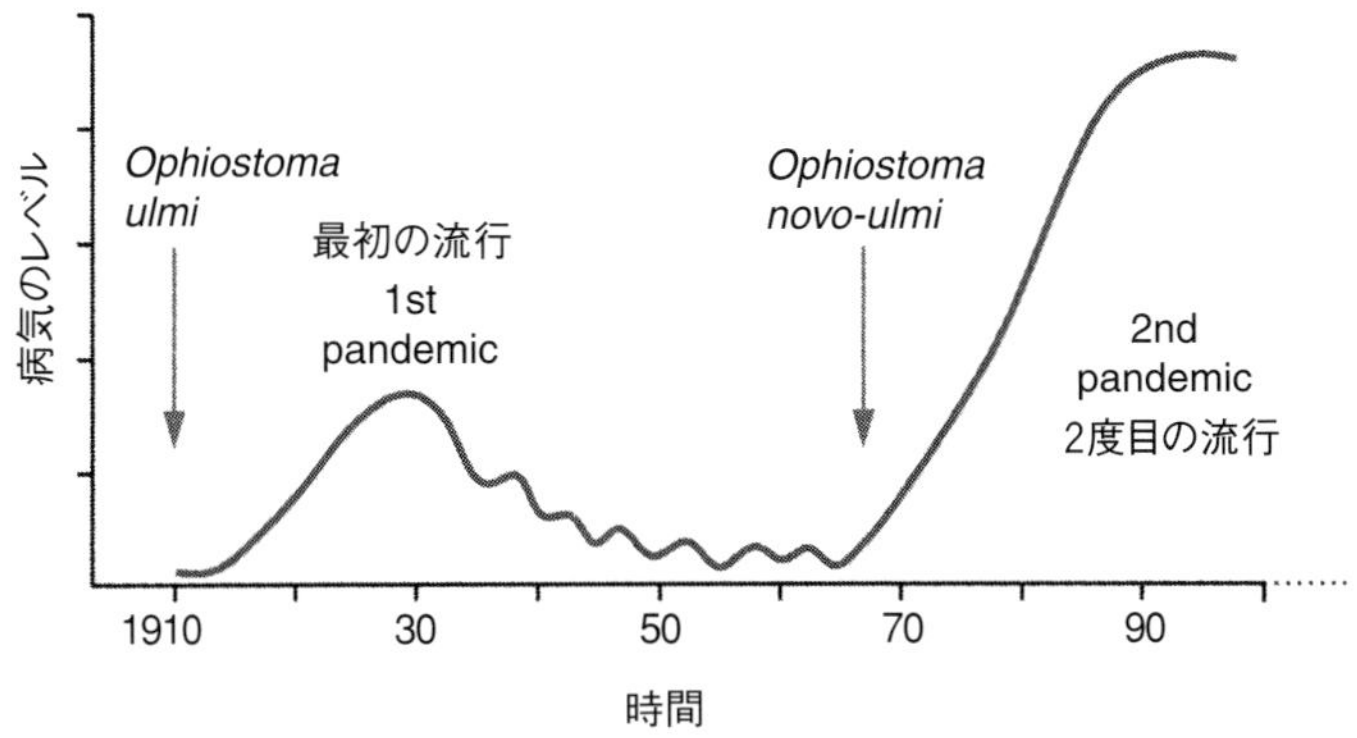

図 3-23　英国および北西ヨーロッパにおけるニレ立枯病の 2 回の流行
ニレ立枯病の大流行は過去 2 回起こっている。*Ophiostoma ulmi* による最初の流行は 1910 年に始まり 40 年代に終息している。一方、 2 度目の流行は 60 年代に顕著になっている。（Brasier, C., 1996）。

spp.）の三者が関係している（図３－22）。枯死した、あるいは衰弱したニレから、病原菌胞子を体にまとい脱出した若いキクイムシ成虫は、成熟のためにニレの枝を食害するが、その際に病原菌胞子が感染する。感染が成立し発病した樹木はキクイムシの格好の繁殖場所（breeding site）になる。繁殖のために作られた孔道（breeding gallery）には病原菌が定着し、子実体を作り胞子を形成する。そこから再び胞子を体につけて成虫が飛び出すという具合である。

この病気の大流行は前世紀中に二回も起こっている（図３－23）。最初の流行は一九一〇年に突如として始まり、三〇年代にピークを迎えた後、四〇年頃には終息に向かった。しかしその後、一九六〇年代に入って、現在にいたるまで続いている第二のさらに破壊的な流行が始まっている。この二回の流行を引き起こした病原菌は、どちらも *Ophiostoma*（オフィオストマ）属の菌である

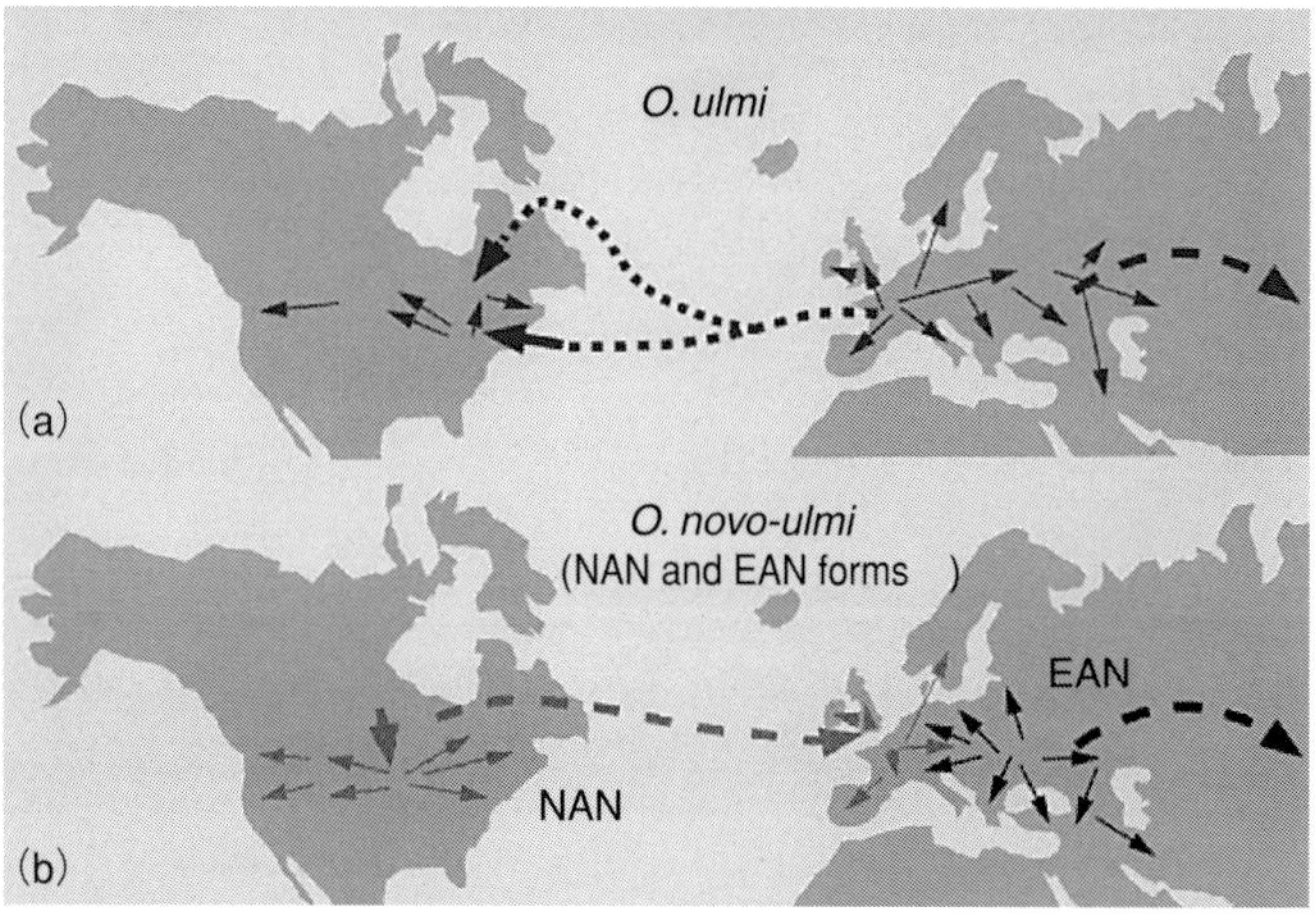

図 3-24　*Ophiostoma ulmi* および *O. novo-ulmi* の分布拡大
a：最初の大流行を起こした *O. ulmi* の拡大、b：２度目の大流行の原因である *O. novo-ulmi* の北アメリカレース（NAN）およびユーラシアレース（EAN）の拡大。(Brasier, C., 1996)。

であるが、その生物学的特性の違いから、現在では、最初の流行の原因菌を *Ophiostoma ulmi*（オフィオストマウルミ）、現在まで続いているものを *Ophiostoma novo-ulmi*（オフィオストマノヴォ-ウルミ：これには北アメリカレース、NANとユーラシアレース、EANの二系統が存在する）として区別している。

最初の大流行は一九一〇年頃欧州北西部で始まり、東方向には中央アジアへ、西方向には英国、さらには海を渡り北アメリカにまで広がった。二度目の流行は上述したように二つのレース（EANおよびNAN）に起因する。EANはおそらく一九四〇年代に、旧ソ連のモルドバ—ウクライナ地域で出現し、そこから欧州を横断して西側へ、東へは中央アジアへと広がった。他方、北アメリカで出現したNANは、一九六〇年代後半に英国を経由し、欧州西部に広がっていったものと考えられている（図

3-24)。現在では、本菌は北アメリカや欧州で急速に *Ophiostoma ulmi* に取って代わりつつあり、これらの地域では *Ophiostoma ulmi* は絶滅の危機に瀕しているという。

その被害は凄まじいもので、最初の流行ではヨーロッパ各地で一〇～四〇パーセントのニレがこの被害に遭い枯死した。また二度目の流行は、より病原力の強い菌が関与していたため、八〇年までのわずか一〇年程度のうちに、英国のみで当時のニレの推定本数三〇〇〇万本のうち二〇〇〇万本ものニレが枯死したという。

侵入病害は、この例のように、時として大流行を引き起こすことがある。しかし、病原菌と宿主植物（さらには媒介昆虫）の関係は、自然界では長い時間をかけた結果、進化してきたものである。これらの関係は破壊的ではなく、うまく共存する方向に進化すると考えられており、この病気をめぐる関係も病原菌の原産地では、ニレ類を殺すことなく共存していると考えられている。

二度の大流行を引き起こしたニレ立枯病菌の地理学的起源は明らかではないが、近年のヒマラヤでの調査から興味深い事実が明らかになっている。ヒマラヤ在来のニレ（*Ulmus wallichiana*）に形成されたキクイムシ（おそらくは *Scolytus kashmirensis*）の繁殖用の孔道から、新種のオフィオストマ属菌が確認されたのである。もちろん、これらのニレには立枯病の兆候は見つかっていない。

驚くべきことに、現在、*Ophiostoma himal-ulmi*（オフィオストマ ヒマル-ウルミ）と命名されているこの菌は、イングリッシュエルム（*Ulmus procera*）やそれよりずっと抵抗性のニレ（*Ulmus* × *Commelin*）に *Ophiostoma novo-ulmi* と同程度の萎凋（しおれ）を引き起こす。さらにこの新しい菌は、ニレの立枯病の発病に重要な役割を果たしていると考えられるたんぱく質毒素、セラトウルミン

(celato-ulmin) を産生する能力が非常に高いことがわかってきた。すなわち、ヒマラヤには第三番目のニレ立枯病菌が存在していたのである。

ニレ立枯病菌の地理学的な起源は、今なお、直接的には明らかにされていないが、これらの発見は、非常に示唆に富んでいる。

これらの発見により、大流行を引き起こした菌の起源に関して、いくつかの推察がなされている。この新しい菌は偶然により欧州に導入され、それから直接 *Ophiostoma novo-ulmi* が進化した、あるいは導入後、欧州にいた他の近縁なオフィオストマ属菌（*Ophiostoma ulmi*）とのまれに起こる繁殖を伴う交配から *Ophiostoma novo-ulmi* が出現したなどの可能性である。これらの説は、一長一短で、今までの他の観察例や事実をうまく説明できる部分もあるが、矛盾することもあり、決定的な説にはなっていない。

もちろん欧州や北アメリカの流行にヒマラヤの菌が無関係であることもあろう。しかし、ヒマラヤの菌が過去の流行と無関係だとすると、将来 *Ophiostoma himal-ulmi* や、それが近縁種である *Ophiostoma ulmi* や *Ophiostoma novo-ulmi* と交配した結果、低い頻度ではあるが生じる雑種はユーラシア大陸や北アメリカのニレに新たな脅威を引き起こす可能性があることに注意しなければならない。当然このことは本病の防除プログラムを組み立てる際にも考慮されなければならない。

前述したように、ヒマラヤではニレ類に立枯病流行のいかなる証拠も見出されていない。おそらく本病は、ヒマラヤ地方では、地域特有に散発的に起こる風土病的な存在なのであろう。このことは、世界のさまざまな森林地帯には、私たちがまだ知らない、非常に病原力が強い植物病原菌が存在している可能性があることを意味する。今後、私たちが予想もしないような病気の大流行が起こっても、何ら不思議ではないという認識を持つことは重要である。
「日陰者」は、なかなか私たちにはその本当の姿を見せてはくれないということか……。

4・3 クリ胴枯病

北アメリカでアメリカグリ（American chestnut, *Castanea dentata*）に壊滅的な被害を引き起こしたクリ胴枯病（Chestnut blight）も、また侵入病害である。

この病気は一九〇四年にニューヨーク市の北部、ブロンクス動物園のアメリカグリで最初に確認された。本病に感染したクリは、枝や幹に発生した癌腫が周囲を取り巻き、形成層が侵され壊死することによって葉枯を引き起こし、やがて枯死する（図3-25）。この病気は瞬く間にアメリカグリの天然分布地域に蔓延し、発見からわずか四〜五〇年のうちにそのほとんどのものを枯らしてしまったのである。それはメーン州からメキシコ湾にかけて、合衆国東部に広がる森林の約二五パーセントを占めるという。

本病は根を侵すことがないので、多くの根茎は生き残っており、そこから萌芽することができるため、自生地では枯死したクリからの萌芽個体が生育しつつあるが、依然として病原菌は存在しているので、性的に成熟し種子を生産する前に感染を受け枯死してしまう。

本病は欧州のヨーロッパグリ（*Castanea sativa*）においても猛威を振るっている。[12] 一九三八年頃イタリアに侵入した本病は、その後、欧州南部に広がり、さらに北に向かって分布域を広げ、現在では

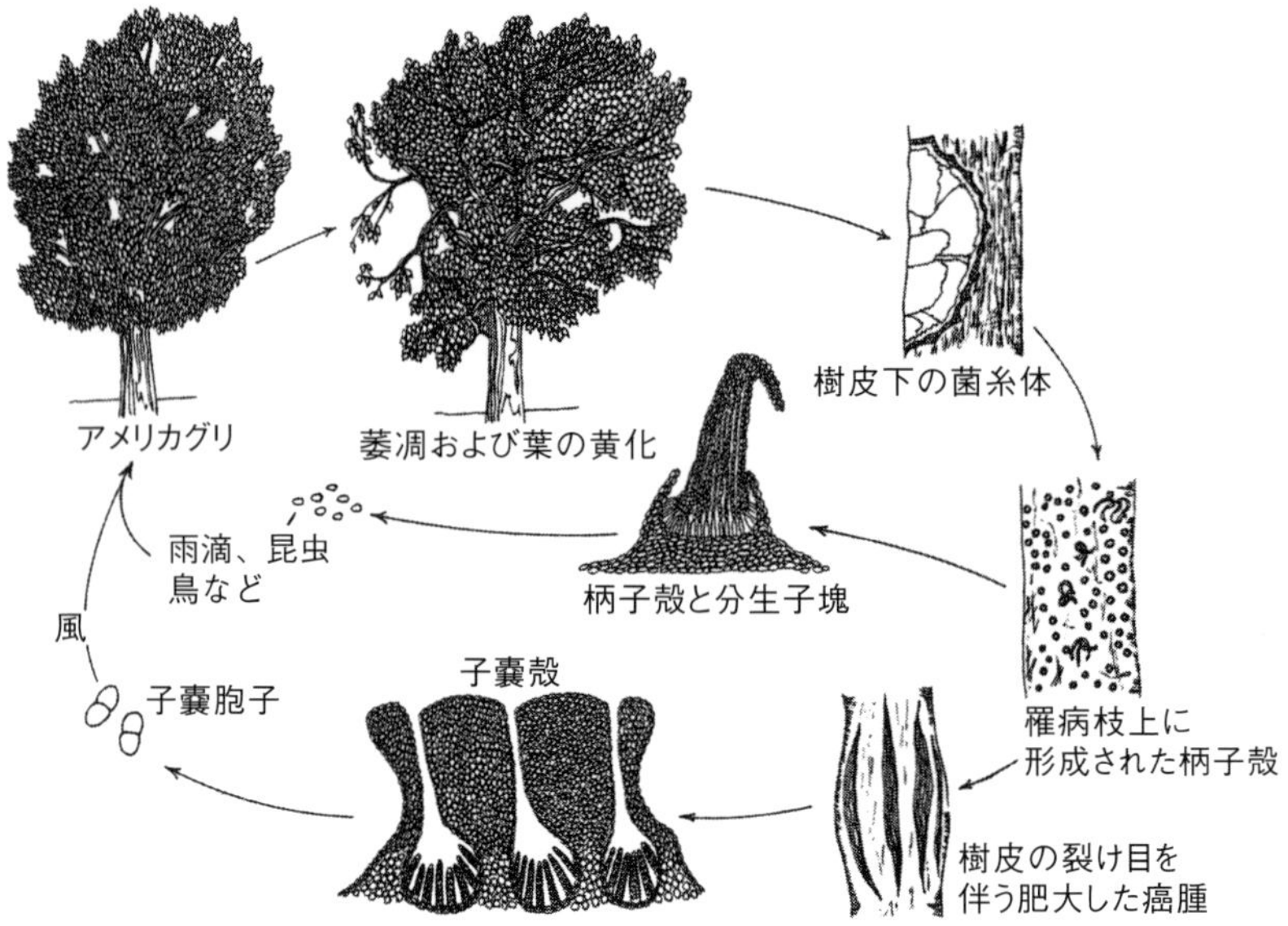

図 3-25　クリ胴枯病の伝染環
(Blanchard, R.O. and Tattar, T. A., 1997)から作成。

ドイツやオランダにまで侵入しているという。

本病の病原は *Cryphonectoria parasitica*（クリフォネクトリア パラジティカ）という子嚢菌の一種で、日本や中国など東アジア在来のクリ属（*Castanea* spp.）にも存在する。しかし、日本や中国など、東アジア在来のクリは本病に対して抵抗性であるので、ほとんど問題になることはない。

米国には一八八〇年代に東アジア、おそらくは中国か日本から、クリの苗とともに運ばれたと考えられていた。本病が発見される前の植物の導入記録をたどってみると、アジアから輸入されたクリの大半は日本からのものであるなど、間接的に、日本の菌が北アメリカに導入されたことを示していたが、決定的な証拠ではなかった。近年、中国、日本、欧州、北アメリカの菌の

ＤＮＡマーカーを用いた解析から、北米で猛威を振るっている菌は、中国原産ではなく日本から導入されたものであることが明らかになっている。

日本で猛威を振るっているマツ枯れの原因が、米国から持ち込まれたマツノザイセンチュウであり、アメリカグリをその天然分布地域からほとんど駆逐してしまったクリ胴枯病菌が日本原産であるという事実は何とも皮肉な結果であるが、先にも述べたように、世界の森林地帯には、私たちがまだ知らない潜在的な病原菌が密かに生存していることはまぎれもない事実である。その地域では散発的にしか発生しない風土病的な振る舞いをしている病原菌が、他の地域に導入された場合大きな流行を引き起こし、莫大な被害をおよぼす可能性があることを再認識するべきである。

4・4　ゴヨウ（五葉）マツ発疹さび病[13]

最後になるが、北アメリカ大陸のゴヨウマツの分布域ほぼ全域で、ストローブマツ（eastern white

* *

12 クリ胴枯病がヨーロッパに導入された経緯についてはよくわかっていないが、おそらく、アジア原産のクリかそのハイブリッド系統のクリとともに、北アメリカから導入されたものと考えられている。

13 日本ではゴヨウマツ発疹さび病として、先に紹介した *Cronartium ribicola* によるもののほかに *Endocronartium yamabense*, *E. sahoanum* var. *sahoanum*, *E. sahoanum* var. *hokkaidoense* が引き起こすものが知られている。後者三種は中間宿主を必要とせず、ハイマツなどのゴヨウマツ上で精子世代と冬胞子世代を形成し、マツからマツへ直接感染する（同種寄生性）。これら四種の菌が引き起こす病徴は類似しており、病徴からは区別できないため、わが国では一括してゴヨウマツ（類）発疹さび病として扱われている。

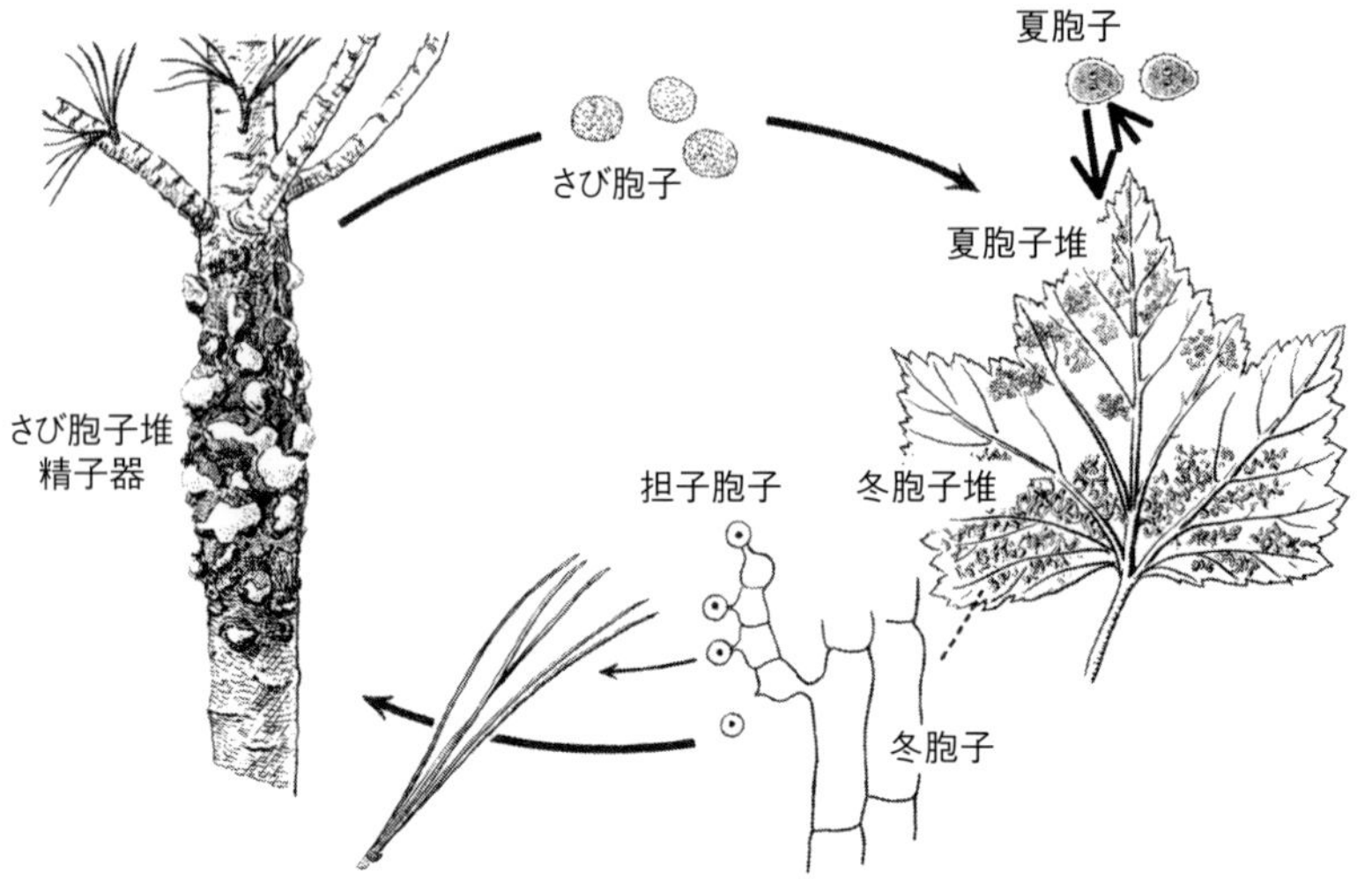

図 3-26　ゴヨウマツ発疹さび病の伝染環（Butin, H., 1983）に一部加筆。

pine, *Pinus strobus*）などのゴヨウマツ類に甚大な被害を与えている発疹さび病（white pine blister rust）について紹介しよう。

本病の病原菌（*Cronartium ribicola*）も、もともとはアジア原産であるという。高山性のゴヨウマツなどに寄生し、あまり人目につくことなく宿主と共存しており、風土病的な存在であったと考えられている。

本病は非常に複雑な生活環を持っており、ゴヨウマツ類（white pine, the five-needle pines）とスグリ類（*Ribes* spp. currant, gooseberry）に病気を引き起こす[14]。生活環の概要は以下のとおりである（図3-26）。盛夏から初秋にかけて、スグリ上に形成された本菌の担子胞子が風に乗って運ばれ、マツの針葉に感染する。針葉上で発芽した胞子は気孔を通して侵入し、その年から翌年の初めにかけて針葉内を枝や幹に向かって下方に生育する。枝に到達した後、内樹皮や辺材最外部の細胞間隙を、細胞内に吸器[15]を形成しながら生育を続ける。感染した枝は紡錘状に肥大し樹皮は粗くなる。精子器（spermagonium）は樹皮に感染した後一〜二年後の夏に形成され、その翌年の春（標高の高いところでは夏）、すなわち精子器が形成された後、おおよそ一〇カ月後にさび胞子堆（aecium）（図3-27A）が形成される。さび胞子（aesiospore）は風によって飛散しスグリ類（同、D、E）に感染する。二週間程度でスグリ類の葉裏面に夏胞子堆（uredinium）を形成し、夏胞子（urediniospore）を飛ばす。この胞子はスグリ類に感染を繰り返すが、秋になって気温が下がり、日照時間が短くなると夏胞子堆に変わり冬胞子堆（telium）が形成されるようになる。冬胞子堆上に形成された冬胞子（teliospore）は発芽し、担子胞子（basidiospore）を形成する。この担子胞子がマツに感染し、本菌の生活環は完成する。

* *

14　さび（病）菌の仲間はきわめて複雑な生活環を持っており、一般的には精子世代（spermogonial stage）、さび胞子世代（aecial stage）、夏胞子世代（uredinial stage）、冬胞子世代（telial stage）、担子胞子世代（basidial stage）とよばれる五つの世代を持ち、それぞれ精子、さび胞子、夏胞子、冬胞子、担子胞子を形成する。しかしながら、すべての種がこれらすべての世代を形成するとは限らない。

また、さび菌の多くのものは生活環を完結するために二種の異なる植物（宿主）に寄生することが必要である（異種寄生性）。異種寄生性のさび菌は精子世代とさび胞子世代を一つの植物上で、夏胞子世代と冬胞子世代をそれとは別の植物上ですごすため、その間に宿主交代が行われる。この場合、一方の植物は中間宿主（alternate host）とよばれるが、便宜上経済的に重要でない方の植物を中間宿主とする場合が一般的である。

15　さび病菌、うどんこ病菌、べと病菌など、いわゆる絶対寄生菌が細胞の中に挿入して栄養摂取を行う器官。

図 3-27　ストローブマツの発疹さび病
A：発疹さび病の典型的な症状、橙黄色のさび胞子堆が多数形成されている。B：本病によって引き起こされた癌腫症状、多くのヤニが流出している。C：本病によって枯死したストローブマツ。D：被害林の周辺に自生している本病の中間宿主 *Ribes* sp.。E：罹病枝と中間宿主。

本病にかかると幹や枝に癌腫が生じ、葉が黄化したり生育が遅くなったりする。癌腫上には暗褐色の精子器や、その後、橙黄色のさび胞子堆（図3-27A）が形成されるが、これらが発疹状に見えるのが本病名の由来である。癌腫からは脂（やに）が頻繁に流れ出し（同、B）、やがて幹全体が巻き込まれ、枯死したり罹病部から折れたりする（同、C）。

ストローブマツは一八世紀初頭、造林のため、有用樹種としてヨーロッパに移入された。これが北アメリカで本病が猛威を振るうことになる発端である。ストローブマツは発疹さび病に対してまったく抵抗性がなく、かつ本病の中間宿主となるスグリ類が、野生種だけでなく、果実を食用として利用するために栽培されていたため、アジアが原産と考えられている本病は、一九世紀後半にはヨーロッパ全域に広がってしまう惨事となった。この苗木が二〇世紀初頭に逆輸入されることにより、北アメリカに広がったとされている。その後は先に述べたとおりで、ゴヨウマツの分布域全体に瞬く間に蔓延し、今では、防除することなしにはゴヨウマツの造林は不可能となっている。この例でも、もともとの生息地でひっそりと暮らしていた病原菌が、人為の影響により大被害を起こすようになったことに注意しておきたい。

5　森の健全性

5・1　菌類が担う森の健全性

本章では実際の森の中で微生物、とりわけ菌類が関わる他の生物との相互作用について紹介した。森林が正常に機能し存続するためには、菌類の存在、すなわち菌類がさまざまな機能を発揮し、さまざまな役割を担う必要があることはすでに何度も述べてきた。

菌類は森の落ち葉や枯れ枝、倒木など、木質有機物の分解者として物質の循環やエネルギーの移動に大きく関わっているだけではない。菌根菌やエンドファイトのように相利的な共生者として樹木と利益を交換し合っているし、病原菌や木材腐朽菌のように生きているうちから樹木を分解し始めている。このような菌類と樹木など他の生物との複雑かつ精緻な相互作用の結果として、樹木は生育に必要なリンなどの無機栄養塩類を効率的に利用できたり（菌根菌）、植食者や病原菌の被害を軽減（樹木エンドファイト）できたりする。あるいは木材腐朽菌の働きによってできる倒木は、樹木の更新に好適な基質となるし、光環境の良い林冠ギャップなどの生育場所を提供する。特殊な菌類の存在なしには受粉が正常に行われない樹木も存在するし、病原菌の働きによって、森林の樹木の多様性が維持されている可能性さえもある。

これらはなにも特別なことではなく、私たちの身近にある森や林でふつうに起こっている。また、このような働きがなければ森や林にはさまざまな異常が起きる。一番イメージしやすい分解者としての働きが欠けただけでも、森や林は木質廃棄物の貯蔵庫になってしまう。つまり、菌類（の働き）は森林を健全に保つためになくてはならない存在といえる。このような例はこれまで取り上げた以上に多くの例が存在するし、これからも菌類が関与する生態学的に重要な相互作用は数多く見つかるに違いない。菌類もまた森の健全性を維持するのに重要な働きをしているのである。

森林は外から眺めているだけでは、その変化にほとんど気がつかない。しかし、時には非常に短期間で、あるいは数十年もかかるような長い間隔で、かなりダイナミックに動いている。肉眼では容易にとらえることができない変化であるため、なかなか気がつかないだけである。当たり前のように繰り返されてきたこのような変化に、菌類も森林生態系の構成者として、さまざまな、かつ菌類しか担えない特異的な役割を果たしている。それは同時に森林が健全にあり続けることにもつながるという認識を持つことは重要である。

目には見えない顕微鏡レベルのミクロな世界に生活する菌類が、大げさにいえば、森林の存続に大きく関わっていると思うと、菌類研究者を自称している私などはとても愉快な気分になってしまう。

と同時に「日陰者」の秘密をさらに解き明かしてやろうと思うわけである。

ちょっと一息（3）

研究者の生活

読者の皆さんは研究者という職業にどんなイメージを抱いておられるでしょうか。ここでは私やその近辺にいる人々の例をあげながら研究者の生活について紹介しましょう。

一般に研究者というと、白衣を着て実験室で試験管を振っていたり、自分の居室で眉間にしわを寄せながら難しい書物と格闘していたりといったイメージでしょうか。しかし、これはテレビドラマなどだけの世界で、実際にはそんなにかっこいいものではありません。

私の場合、菌類が引き起こす植物（樹木）の病気が専門ですので、研究室で病原菌を培養したり、顕微鏡観察を行ったり、そのほかさまざまな実験を行ったりします。病害の発生調査や菌類の採集を行ったり、接種実験をしたりと、研究室から飛び出して、作業服姿で仕事をすることもしばしばです。

もちろん、研究を進めるためには、あらかじめ実験計画を立て、勉強もしなければなりません。ですから、図書館で自分の研究に関連する最新の論文をコピーしてきて、読む時間も必要です。早い話、（少なくとも日本では）研究に関することは、実験の計画・準備から後かたづけ、データの整理や解析まで全てのことを行います。もちろん共同研究者と手分けして実験を行ったり、データを収集したりすることもあります。実験結果が出そろい、新しい事実が明らかになったら、当然、それを研究論文として公表することも重要な作業です。これがまたけっこう大変な作業なのですが、自分の実験結果が、たとえそれが小さな事実の発見であったとしても、論文として掲載された時の喜びは格別のものです。私は論文で結果を公表して、つまり、自分と研究分野を同じくする多くの人に読んでもらって、はじめて研究が一段落するものと考えています。

しかしながら、いつも研究が順調に進むとは限りませんし、時間も無限にあるものではありません。また、研究を進めるために必要な予算を獲得してくる必要もあります。たとえばDNAの塩基配列などを決定しようとすれば、そのために必要な酵素などの試薬にかかる予算は半端なものではありません。

たいていの研究者は、もちろん大学や研究所などの組織に所属しているため、当然、その運営のためのさまざまな会議にも参加しなければなりませんし、たくさんの提出書類と格闘（いったい何のために必要なのか考える書類も少なくはない）することも珍しいことではありません。これはなにも私の近辺などに限ったことではなく、大学にいる友人からも同様なぼやきを聞くことはしばしばあるのでどことも似たような状況なのでしょう。

このような状況ですから、研究者の日々の生活は、決して安穏としたものではありません。実験によっては、時間通りに行わなければならないものもあるので、朝早くから、夜遅くまで研究室で奮闘することもあります。また、日中は電話などがかかってきたり、会議で時間がつぶれたりするので、自分の研究についてじっくり考えたり、論文を書いたりするのは夕方以降ということになりがちです（私の場合はこのような作業をするのは夜の方がはかどる）。当然家族から文句が出たり、

好きなお酒を飲みながらリラックスする時間を削ったりすることになります。考えてみればけっこうやくざな稼業です。

私は、研究を進める上で、(他分野の人も含め)身近にいる研究者との論議はかなり重要であると考えています。ですからお茶を飲みながらの仕事についての雑談や、夕方からのビールを飲みながらの科学談議は、もっと奨励されても良いと考えています。けっこう、このような雑談からおもしろいアイディアが浮かんだり、重要な情報を知ることになったり、共同研究の話がまとまったりする例も多いものです。私も含め、研究者は時間に追われ、物事を深く考えたり、研究について他人と論議したりする余裕を失っているようです。

個人的には良いアイディアで勝負し、できるだけ簡潔な実験で多くの人をあっといわせるような研究をしたいと密かに考えています。

4章
森の菌類の保全

1　菌類を保全する意義

1・1　なぜ菌類を保全するのか

私が専門とするのは一般には「かび」とよばれる菌類である。現在では、エンドファイト（内生菌）などまだ何をしているのかよくわかっていない菌類を研究対象にしていたりもするが、もともとは植物の（かつては作物の、現在では樹木の）病気やその原因となる寄生菌類を研究する植物病理学が専門分野ということになっている。このような専門分野は、都合が良いように名のる場合もあり、これからの話を微生物と広くよばれるものの中でも、菌類を中心として進めるための言い訳である。ここで本題に戻り、もう一度、なぜ菌類を保全する必要があるのか考えてみよう。このことについては、これまで少しずつふれてきたつもりではあるが、いま一度整理してみたい。

（1）第一に、菌類は生態系において重要な役割を果たしているという事実である。菌類は生物遺体など有機物の分解者、生物の寄生者や共生者として、他の生物と直接的、間接的に相互作用を行っており、そのさまざまで、かつ特異な機能的役割により生態系には欠かせない構成者である。

また、多くの菌類はその機能的側面や生物多様性の観点から指標種ともなるものである。たとえば、菌根性きのこや地衣類は大気汚染の種類や程度、木材腐朽菌は林業など森林に対する人為の影響の強さの指標として有効である。

（2）長い歴史の中で蓄積してきた菌類のさまざまな遺伝子、それらに依存するさまざまな生活形態や生活戦略を保全することは、進化の過程を研究し、理解するために必須である。加えて、多くの遺伝的変異は将来の進化の原動力ともなるもので、それらなくしては、進化は起こりようがない。

（3）菌類は食料（主に食用きのこ）として、また農薬や医薬品など生物活性を持つ物質の供給源として重要で、かつ潜在的な可能性を秘めた資源であり、それらが私たちに与える恩恵は計り知れない。

（4）菌類、とくにきのこのような大型で美しいものは、多くの地域で人々に親しまれている。きのこ狩りの対象になっていたり、生態観察や写真撮影、絵画の対象ともなっており、さまざまな娯楽や趣味、自然教育などに欠かすことができないものである。

このように書き並べてみると、これらはなにも菌類に限ったことではないことがわかる。すなわち、上に述べた事柄の多くは、菌類以外の他の生物を保全する意義や動機と基本的には共通のものである。

このことは、植物や動物を保全するという視点から生態系が管理されていれば自動的に菌類も保全される、といういささか乱暴な論議につながることがある。しかし菌類の特殊性はもちろん考慮されなければならない。たとえば、菌類に非常に重要な生息環境が、必ずしも植物や動物にとってその重要度が高くないという場合もある。やはり、菌類は一つの保全対象として明確に認識しておく必要がある。

1・2　インベントリーの重要性

菌類（の多様性）を保全するためには、まずもってその種類や生息実態を把握しておくことが必要である。当たり前のことである。どんな種類の菌類がどこにどれだけいて、どのような生活を営んでいるかがわからなければ保全などしようがないことは明らかである。

自分の蔵書を整理して、いつでも目的とする本が取り出せるような状態で保管するためには、部屋の中に乱雑に転がっている本がどこにあるのかを探し出し、書名や著者、発行年などを調べる作業（目録作り＝インベントリー）が必要である。なかには買ったことさえ忘れていて、部屋の押し入れの隅で、埃だらけになっている本も数多くあるに違いない。読む必要があるにもかかわらず、出版されていることさえ知らず、蔵書の中に加えられない本もあるかもしれない。

このように、菌類の多様性研究や保全においてもインベントリー（目録の作成）はもっとも基本となる重要な作業であるが、さまざまな理由からほかの分類群、たとえば昆虫や維管束植物に比べて格段に遅れているのが現状である（2章、2・3）。

1・3　菌類の目録作りは難しい

菌類のインベントリーが遅れているのにはいくつか理由があるが、一番の理由はほとんどの菌類が肉眼的に見ることができないことである。

もちろん菌類の中には病気を引き起こす植物病原菌類（plant pathogenic fungi）や、大型で美しいきのこを作るものなど、その存在の確認が容易なものもある。しかしながら、このような例は、全体少なくはない。

から見ればむしろ少数派である。ある病原菌が感染したからといって、必ず発病して病原菌に特徴的な病徴を示すとは限らない（1章、3・2）。植物病原菌の中にも、近年絶滅が危惧されている菌が少なくはない。

一般にきのこの発生は季節性があり、年間をとおしていつも発生しているわけではないし、種類によって発生する場所も異なる。また発生量の年変動も激しく、まったく発生しない年も存在する。運良く発生したとしても、サルノコシカケのような硬いきのこを除けば、その寿命はきわめて短い。したがって肉眼で確認できるきのこでさえも、ある程度の面積を持った場所で長期にわたる調査を続けなければ実態は明らかにならない。さらに地域による違いを調べようと思えば、そのような調査をさまざまな場所で行わなければならない。

きのこのようには目で見て確認ができない菌類（微小菌類、microfungi）の場合は、その菌を培地上に分離して（取り出して）調べてやる必要があるが、これもなかなか一筋縄ではいかない場合が多い。使用する培地の組成などによって分離されてくる菌類相が異なることは一般的に認められるし、そもそも分離すること自体が非常に難しい種類も多い。

さらには、菌類は分類を進めるのに必要な形態的特徴が乏しく、かなり専門的な知識と経験を持った人でも、自分が専門とする分類群以外は分類が難しい場合が多い。菌糸以外の構造が認められない場合などは同定することすら困難で、それが未記載種（新種）であるかどうかさえわからない場合もある。

また、これまでに報告されている既知種のリスト作りも大切である。しかしこれさえも、わが国においては特定の分類群以外のものは十分に整理されているとはいえないのが現状である。

これらの問題を解決するには、技術的、概念的なブレイクスルーはもちろん重要であるが、菌類研究者、なかでも分類に精通した研究者の養成が非常に重要である。しかし、一人前の菌類分類学者を養成することは、多くの資金とかなりの時間がかかる作業である。とりわけ教育とも密接に関わり合っている問題であるため話は複雑である。

研究者の絶対数が不足しているという危機的な状況の中で菌類のインベントリーを進めるにあたって、アマチュア研究家や分類補助員あるいは準分類専門家（parataxonomist、パラタキソノミスト）の重要性は高く、それらを育成し、活動に参加してもらうために必要な図鑑や検索表などの同定マニュアルの整備が不可欠であることが指摘されている。

まったく同感である。

自然に親しみ、関心を呼び起こすような教育はもちろん不可欠であるが、菌類研究者はアマチュア研究家の育成や啓蒙などにも十分配慮する必要があるし、それは菌類の研究に携わるものの責任でもある。

分類学という生物学の基盤となる学問が、時とともに置き換わるはなやかな研究分野の流行に押し流されて、軽視されてよいものではない（私自身は前述したように極力分類は避けてきたのだが、今になって後悔することしきりである）。また、菌類がほとんど目立たないからといって、研究などする必要がないというものではない。ゆっくりではあるが、確実に自然の仕組みを解き明かすような研究に取り組むことができる研究環境の整備が望まれるとともに、研究者自身もゆとりを持って研究に取り組みたいものである。

「日陰者」とはいうものの、菌類は私たちにさまざまな問題を提起してくれているようだ。

1・4　インベントリーの実際

ところで、上に述べたような困難な状況の中で、実際のインベントリー（目録の作成）はどのようにして進めるのだろうか。

インベントリーを進めるにあたっては基本的に二つの方向性が考えられる。すなわち、地域を限定してそこに生息する菌類を徹底的に調べ上げる方法、インテンシィブ・インベントリー（intensive inventory：ある地域に生息する全分類群をリストアップするATBI（All-Taxon Biodiversity Inventory）など）と対象とする種あるいは分類群を限定し、より広範な地域で分布の状況を調べる方法（エクステンシィブ・インベントリー、extensive inventory）である。前者は種多様性を論じたり、各々の種の生態的機能や意義を解明するためにはきわめて重要なアプローチであるが、前述したように菌類は未記載種の割合が著しく高く（2章、2・3）、また研究者の数も少ないため、非常に困難な作業であり、現状では非現実的な方法である。

一方、後者は対象となる分類群の選定に注意し、アマチュア研究者やきのこ愛好者などでも同定可能なものを対象とすれば、各地域で活発に活動しているアマチュア研究者、菌類研究会などの協力によってある程度信頼できるデータが得られる。

現時点では、各地で整備が急速に進みつつある博物館など菌類の専門家を擁する機関が中心となって、大型で目につきやすく比較的分類の容易なきのこや、サルノコシカケなどの比較的寿命の長いものを対象に、アマチュア研究者やきのこ（菌類）同好会などの協力をあおぎながら、各地でその発生の有無や頻度、種数などを長期にわたって調査する方法がもっとも効率的かつ現実的であると考えられている。これらの作業によって、肉眼的に観察できるきのこなどについては、地域ごとの目録作りが進むし、特定の種や分類群の長期的観察により、さまざまな環境の変化や人間のさまざまな活動が、菌類の発生や多様性などにどのような影響をおよぼしているかを明らかにすることができる。

時間と労力がかかるわりには地道で目立たない仕事であるが、「日陰者」である菌類たちを表舞台に引き出すためにはいたしかたない作業である。

2　菌類の保全に向けて

2・1　菌類の保全

それでは、菌類を保全するために、私たちが具体的に採れる方法はどのようなものだろうか。ある生物種を保全するためには、目的とする種を本来の生息地とは無関係に隔離し、植物園や動物園などで管理するのも一つの手段である（生息地外での保全）。他方、その生物種が本来生息している場所で、それが生態系の中で果たす役割や機能、他の構成者や環境との相互作用など、生息地域ごとそっくりそのまま保全する方法がある（生息地内での保全）。

私たち菌類を扱うものは、研究を進めるにあたり、最初の作業として分離培養できる菌類は培地上に取り出し、その生物学的特性を調べるなど、いつでも実験に供試できるように、試験管の中で生きたままの状態で保存する。アメリカ合衆国やヨーロッパでは、古くから大学や植物園などを中心に公的な菌株保存施設が整備され、世界中から集められた植物病原菌やきのこ、特殊な生理活性物質を産生する菌類などさまざまなものが研究材料や資源として保存されている。わが国でも独立行政法人農業生物資源研究所のジーンバンクに菌類部門が整備されるなど、さまざまな菌類を受け入れ、保存する体制が整いつつある。

このような施設では、保存状況もしっかりしており、研究上貴重な種や絶滅の危険性の高い種（とくに自然界では存続が不可能である種）を保存するためには重要である。また、必要な菌株は基本的には分譲してもらうことができ、研究を進めるためには非常に都合がよい。

しかしこれは、保全という観点から見れば、動物園で動物を飼育したり、植物園で植物を栽培するのと基本的に同じである。

地球上に生息しているすべての菌類種を記載する方策さえない現状で、それらすべてを採集・保存することは現実には不可能であるし、ある菌類が持っている多数の遺伝的変異をすべて保全できるはずがない。

菌類など微生物は生態系の他の構成者ときわめて密接な関係を結んでおり、そのシステムが維持され機能するためにはなくてはならない存在であることはすでに述べた。それらの種の生き様、すなわち自然界における生活様式や他の生物との相互作用、生態的機能などは、試験管やディープフリーザーの中で保存することなどできるはずがない。やはり可能な限り、その種の生息域を他の構成者や環境とともども保全するのが理想であるし、そうするべきである。

しかし、このような作業は現実的にはさまざまな問題を抱えており、難しい場合も多い。人々の生活や営みと少なからず関係するし、価値観や利害関係までも含む問題となるからである。

きわめて珍しい菌類が生息している、あるいは絶滅しつつあるきのこが見つかる地域は保全すべき対象であるが、その理由だけで簡単にその生息地をそのまま保全しようという合意が得られるわけではない。菌類は目に見えない場合が大半で目立たないのに加え、愛好者から見ればかなり美しいと思えるきのこなども、それ以外の人の興味を引くことが少ないため、保全の象徴種（flagship species）とはなりにくい。また、保全対象になることにより、そこに住む人々の生活を制限したりする場合もあるし、そもそもきのこやかびなど何の役にも立っていないのだから、開発して住宅地にした方がよほどましである、などの極論もあるだろう。いわゆる開発か保全かの論議である。

このような場面は規模の大小こそあれ全国いたるところで起こっているし、今後も増え続ける問題である。人の目に留まることが少なく、多くのものが名前もつけられることなく密かに暮らしている菌類は、私たちが気づかないまま絶滅してしまう可能性も高い。

私たち菌類研究者は少なくとも、なぜかびやきのこを保全する必要があるのか、またそれらを保全するのになぜ生息地全体として残す必要があるのかについて、科学的根拠を示しながらわかりやすく説明する責任があるのではないだろうか。

たかが菌類というなかれ。菌類といえども生態系の中ではかなり重要な機能的役割を果たしており（2章、3）、ある菌類がいなくなるだけで生態系の機能に大きな影響をおよぼす場合もあり得るし、その存続自体が危ぶまれる場合もある。

2・2　地域集団の重要性

ツキヨタケ（*Lampteromyces japonicus*）というきのこがある。とくにブナの枯死木や倒木を好んで発生し、闇の中で、微弱ではあるが、傘のひだが月の光のように発光することからこの名前がつけられている。このきのこはまた有名な毒きのこで、日本人が好んで食べるシイタケ（椎茸）やムキタケに似ているので間違って採集されることも多く、非常に中毒例の多いきのこである（実際には、ツキヨタケの柄（軸）を縦に割くとその付け根の部分には黒い染みがあるので、知っていれば簡単に見分けることができる）。

ツキヨタケはブナに強く依存して生活しているため、ブナ林の分布に沿って北海道南部から九州南部にまで分布しているが、ブナ林の伐採の影響を受け減少しているとされ、日本版レッドデータブックでは絶滅危惧II類としてリストアップされている。しかしながら、比較的大規模なブナ林が残っている東北地方では、ごく一般に見られるきのこである。ところが、かつては脊梁山脈に広く分布していたブナ林がほとんど伐採され、ごく一部に小面積の孤立集団としてしか残っていない九州では、本きのこも他の地域の集団より絶滅の可能性が高く、保全すべき対象として重要である。

それでは九州のツキヨタケを保全するために、東北地方からツキヨタケを持ってくれば良いのだろうか。

話はそんなに簡単ではなく、こたえは即座に「ノー」である。ツキヨタケの基質としてのブナが減少しているという根本的な問題を抱えているところに、別の地域からツキヨタケを持ち込んでやっても解決にならないことは明らかであるし、このような作業は別の意味で大きな問題である。

生物は生態系の中で環境や他の構成者ときわめて精緻で複雑なネットワークを構成しているが、このようなネットワークは長い進化の歴史の中で形成されてきたものである。したがって、同じツキヨタケといえども東北地方の集団と九州の集団では異なった遺伝的変異を蓄積している可能性が高い。

たとえばブナでは日本海側のものと太平洋側のもので葉の大きさなどに違いがあることは以前から知られていたが、最近のミトコンドリアのＤＮＡを用いた解析結果は、集団間の遺伝的分化が著しいこと示唆している（集団間で多くの異なった遺伝的変異を蓄積している）。

すなわち、集団間の遺伝的変異を考えると、比較的どこでも見つかる東北地方のツキヨタケを九州に持ち込むという安易な発想は、その多様性を減少させる非常に愚かな行為であるといえる。

もちろん、ツキヨタケは九州地方においてもブナ林のあるところに行けば、そんなに見つけるのが難しいというわけではなく、すぐに絶滅するというものではないので、現時点で東北から移入しようなどと考える人がいるわけではなく、例として挙げたまでである。

インベントリーが遅れており、その生息状況もよくわかっていないきのこやかびでは、移入に関してそんなに話題になるものではない。しかし、まったく別の地域から採ってきたクヌギやミズナラのドングリや外国産植物の種子を播いたり、苗木を植えたりすることは、その功罪も議論されないままに、頻繁に行われている行為である。

菌類の多様性や保全の研究は何度も述べたように緒についたばかりであり、方法論さえも確立されているとは言い難い。また、生息状況さえも十分にわかってはいないものがあるというのが現実なので、具体例について論議される機会も少ないが、上のような例はいずれ直面する問題である。データは少ないけれども、今のうちに大いに論議し、少なくともあるべき方向性などを提示できるようにしておくべきである。

2・3 保全という意識

かびやきのことよばれる菌類も生態系の重要な構成者であり、重要な機能的役割を担っていることはすでに幾度となく述べた。耳にたこができたといわれる読者の方もいるかもしれないが、そのことを少しでも理解して頂くことが本書の目的の一つでもある。

ところで、自然界でかびやきのこが重要であり、なくてはならないものだということが理解できたからといって、必ずしもそれらに興味を持ち、必要なものは保全したり、それらと共存したりしなければならないという意識が芽生えるものではない。それは人々の自然観や価値観に密接に関係しており、生活している環境やそれまでの経験などに大きく依存する、非常に難しい問題だからである。

つまり、いくら勉強し多くの知識を得たとしても、それだけでは「さまざまな生物種や、その生息場所すなわち生態系を保全するということは、長い進化の歴史の中で蓄積した膨大な遺伝的変異を保全することでもある。私たちは、さまざまな生物の持つ遺伝的変異、それに依存する生態的機能や生物的資源の恩恵を享受している。それを私たちの子供たちや孫、さらにその子孫と共有するためにも保全すべきである。(ちょっと大げさか)」などという意識を簡単に持てるものではない。

大上段に構えたわりには当たり前の結論になってしまった。しかし、この問題はやはり真剣に考えなければならないものであろう。

私は、このような意識の欠如は、すでに多くの人々によって指摘されているように、人と自然──昆虫、動物、植物などの身近な生き物やそれらを取り巻く自然──との関わり合いが一昔前に比べ極端に減少したことが、大きな要因の一つであると考えている。

ノスタルジアに浸るつもりはない。しかし、私が子供の頃には、農山村はいうまでもなく、都市部でもそれなりの自然が残されていた（ちなみに著者自身はまったくの田舎育ちである）。空き地の草原にはたくさんの虫がいた。カマキリがショウリョウバッタを食べていたり、近くの水田でアオダイショウ（ヘビ）がトノサマガエルを飲み込んでいた。やたら滅多ら名前もわからないままに虫や草花を集めたりもした。ずいぶん虫を殺したものだ。このような生き物と身近に接触した原体験、それから生ずる自然観、そしてその後に学んだ知識がうまく統合して、自然を大切にする意識、必要なものは保全する意識が芽生えるのではないかと考える。また、そのことにより、生物多様性保全などについてもしっかりとした枠組みの中でとらえ、論議することができよう。

以前に比べて身近な自然が減少したことは間違いない。しかし野外で虫や草花と戯れる程度のことは、都心のど真ん中に住んでいる人でもなければそれほど難しいことではない。

子供たちが「カブトムシやクワガタムシはデパートで買ってくるもの」という認識しか持っていないようでは、いささか心配になってくるのは私だけではないだろう。

3 菌類を学ぶ

3・1 菌類のお勉強はどこでする

さて、これまで菌類のさまざまな側面について自己流ではあるがかなり詳しく述べてきた（つもりである）。残念ながら、これ以上書く能力も気力も残っていない。

最後に森林の菌類について学ぶためにはどのように振る舞えばよいか紹介しよう。もちろん、ここでいう菌類の勉強とは、もっとも基礎となる菌類の分類や、それらが森林の中で担う生態的機能、森林生息性菌類の多様性などの勉強である。正直にいってしまうと、残念ながら、わが国ではこれらのことについて専門的に教える大学、たとえば「森林微生物生態学」などの看板を掲げている研究室を持つ大学はほとんど存在しない。

現在、森や林に生息する菌類の働きや他の生物との相互作用の研究を行っている人の多く（といっても絶対数が知れている）は、おそらく大学で植物の病気を扱う研究室（植物病（理）学研究室）で、多くの場合は稲や野菜など農作物の病気を起こす細菌やウイルス、糸状菌類を勉強してきた人たちである。樹木の病害について専門的に学んだ人さえもほとんどない。ましてや、樹木と密接な関係を持ちながら生活しているが、病気を引き起こすことはないような菌類を生態学の視点から学んだ人はほとんどいないといっていいだろう（最近では少ないけれども、そういう経歴を持つ人もいる）。

このように、学ぶところがないというのは、致命的な欠陥ではある。しかし、振る舞い方によっていろいろな道が開けてくるものである。

私も学生時代は上の例にもれず植物病理学教室に所属し、作物の病害の研究を行っていた。樹木の病害はほんの少し勉強した程度で、当時は、それほど興味はなかったというのが正直なところである。しかし、（病気を起こさない）菌類の働きは主として有機物の分解者であるという一般的な認識には少々疑問があり、もっといろいろなことをやっているに違いないとぼんやりとは考えていた。病気というのは有機物を生きているうちから分解しているプロセス（つまり生体分解過程）ととらえることもできると考えたり、菌類と植物の相互作用は病気という結果を招くだけではなく、もっといろいろな形態があり、さまざまな結果を引き起こすはずだと考えていた。

このようなぼんやりとした考えを、自分の研究の中心に据えることになろうとは予想もしていなかったが、機会は唐突にやってきた。就職の当てもなく、もらっていた奨学金も打ち切られる寸前で途方に暮れていたとき、森林総合研究所という林業や森林を主たる研究領域とするところへ、突如就職が決まったのである。当初は森林総合研究所という存在すら知らず、大学とは研究内容も雰囲気も違う中、就職後半年程度は右往左往していたが、考えあぐねた結果、どうせやるなら競争相手の少ない分野がよかろうと、過去にぼんやりと考えていた森林生態系における菌類の機能や役割に取り組もう、そして樹木病害を扱うとしても、ただ木材の生産を阻害する森や林の厄介者という視点からだけ取り組むのではなく、生態系における病気の意義を考えてみよう、と決心したのである。きっかけはほんの些細なことであるが、寄生菌類を扱う研究室に所属していたことは、菌類の取り扱いなどを学ぶよい機会になったし、もちろん、上の思考にいたる過程に大きく影響している。

今ではわが国を代表する（一歩手前の）菌学者で、サルノコシカケ（ヒダナシタケ目）の分類やそれらを指標とした菌類の多様性研究に詳しいH博士などは、実は大学では本格的な菌学教育を受けてはいない。大学生のときには森林生態学教室（最近では菌類の生態を扱うところがあるかもしれない）に籍を置き、詳しくは知らないが物質循環に関連する怪しいテーマで卒論を書いていたらしい。当時彼の指導に関わっていた先生によると「HとかKとかは卒論はええかげんやったけど、それぞれその後は思いもつかないようなところで活躍しとる」と比較的高い評価である。

しかし伝え聞くところによると、H博士は当時からアマチュアきのこ研究会には頻繁に顔を出し、そこの指導者であるきのこの先生や仲間から密かにその秘伝について伝授されていたという。また、本人もずいぶん努力したらしく、安物の顕微鏡（安物かどうかは知る由もないが、当時の学生はそれほど高価なものを買うだけの余裕はなかった）を購入し、きのこやかびのスケッチを自らに課していたという。もちろん架空の話である。

この例は、典型的な例といってもいいだろう。すなわち、本当に菌類に興味があり研究が続けたければ、自ら師匠を捜し試行錯誤しながらも研鑽するというやり方である。また、森林生態学を勉強したことは、菌類の生態学的研究を行うのに決して無駄にはなっていないはずである。アプローチの方法や物の考え方に共通する部分があるからである。しかし、誰でもができるとは言い難く、非常に強固な意志と動機が必要である。どうしても菌類の生態学的な研究がしたいと思う人は、取るべき道の一つであろう。

上に述べた例からわかるように、菌類を研究し、将来研究者を志す人にとっては、多くの農学系学部には必ずある植物病理学研究室や森林生態学（多くは造林学）教室は候補として悪くはない。自分のやりたいことがはっきりしているならば、指導教官と相談して見るとよい。うまくいけばその研究室に所属しながら、苦労はするが、好きなことをやらせてもらえるかもしれないし、知り合いの先生（教育義務のない外部の研究機関の専門家であることもある）を紹介してもらえるかもしれない。もちろん強固な意志が必要なことはいうまでもないことだ。

上に紹介した例のほかにも、菌類についてより適切に学ぶことができるところもあるかもしれない。研究室の名前からはわからないが、所属する先生が菌類の生態研究を行っていたり、研究テーマの一部として取り上げていたりすることは少なくない。とくに教育学部などでは、ただ単に生物学教室と名のっており、そこの研究室に所属するとどんな研究ができるのか名前からでは計り知れない場合が多い。最近では、理学部やその関連学部でも、生態系における菌類と他の構成者との相互作用などを視野に入れて研究を進めているところも増えてきている。調べてみると、自分がまさにやりたい研究を行っている研究室が見つかるかもしれない。とにかく菌類について学べるかどうか前もって調べることが重要である。大学院などに進学して、さらに本格的に研究を進めたい場合には、直接研究室を訪問し相談することも可能だろう（くれぐれも突然訪ねていったりしないで、あらかじめ相談したい旨を手紙などで知らせ、予約を取っておこう）。

最近ではインターネットのウエブサイトなど、さまざまなメディアで情報が提供されており、以前に比べれば手に入れられる情報は格段に多い。また、きのこ同好会などに所属していれば、会員の中に有益な助言をしてくれる人がいるかもしれない。

プロの研究者を志すわけではないが、きのこやかびについて勉強してみたいという人も多いだろう。このような人にお勧めなのは、各地で活発に活動しているきのこ（菌類）研究会や同好会に入会することである。少しでも興味があれば、きのこやかびについて、何もわからない人にも丁寧に教えてくれたり、初心者向けの解説書や図鑑などを紹介してくれたりするはずである。

このような会では年に何回かきのこ（菌類）採集会も行っており、仲間と森林を歩きながら、きのこの名前をおぼえたり、生態観察ができたりする。実際に最初は何も知らなかったのに、活動に参加するうちにかびやきのこの魅力に取りつかれ、研鑽を積んだ結果、アマチュアでありながら日本菌学会などの会員となり、学会で発表したり専門誌に論文を発表するまでになる人も少なくはない。先にも述べたように（4章、1・4）、菌類（とくにきのこ）の研究ではアマチュアの研究家や研究会が、重要な役割を果たしていることが多く、プロの研究者もこれらアマチュア研究家との連携を望んでいることも多い。

これまで首尾一貫して述べてきたように、きのこやかびなど、いわゆる「森林の日陰者」は、肉眼では簡単に観察することができないことが、主たる原因となって、分類学的研究や生態学的視点に立った研究が他の分類群に比べて遅れている。同じ微生物を研究対象としながら、産業の発展に直接結びつくような発酵や醸造の研究など、菌類を含む微生物の遺伝、生理、生化学的研究やその応用では、日本が世界をリードしてきた歴史があるのと対照的である。大学など高等教育や研究を担う現場で、なかなか菌類の生態学が根付かず、結果として、研究者が少ないこともその大きな理由である。翻っていえば、やる気さえあれば（運や才能も若干必要かもしれないが）、まだまだ新しい発見や、ちょっと大げさではあるが、菌類を材料として発信される生物学全般にわたる一般法則などが飛び出す可能性だってないわけではない。菌類はインベントリーさえも十分ではなく、多様性評価法なども確立されているとは言い難い。研究することはまだまだたくさんある。

私たち菌類研究者が現状を認識し、地に足のついた研究を進め、菌類のおもしろさや重要性を啓蒙する必要があるのはいうまでもないが、菌類に少しでも興味のある人は、ぜひ「日陰者」の世界に飛び込んでもらいたい。

あとがき

数年前、台風一過の熊本に赴任した。一〇月というのに残暑が厳しく、それは後に閉口することになる、「火の国熊本」の耐え難い夏の湿度と暑さを予感させるには十分であった。それとは対照的に、金木犀のとてもよい香りが漂っていたのが強く印象に残っている。

研究室の荷物の整理もおぼつかないでいる時、盛岡で同僚であった大井徹さんから一本の電話が入った。日本の森林の〝多様性〟に関して本を出版する企画があるので、微生物の部分を執筆しないかという誘いであった。多様性というキーワードが自分にとっては重荷であると感じたが、数名の分担執筆という話だったので、「まぁ、なんとかなるだろう」くらいの軽い気持ちで引き受けた。まさか、それぞれが一冊ずつ書くことになるとは、その時の会話からは予想もしていなかったし、本当に書き上げられるのだろうかというのが正直なところであった。

卒業論文で土壌病害を引き起こすフザリウム属菌の耐久生存に関わる胞子（厚膜胞子）形成の差異に取り組んだことがきっかけで、自然界における菌類の生活様式や生き残り戦略には少なからず興味があった。また、菌類が自然生態系の中で果たす役割として、有機物の分解ばかりが強調されることを疑問に思い、もっといろいろな機能的役割を担っているはずだとぼんやり考えていた。その後、植物と病原菌の相互作用、いわゆる「宿主―寄生者相互作用」という研究分野の中で病原菌に対する植物の防御機構の研究に取り組むことになり、これらの問題には直接に関わることはなかったが、それはいつも心のどこかに引っかかっていたといってよい。

森林総研に職を得た時、漠然とした研究の方向性として、樹木の病気を木材の生産を阻害する「悪いもの」という視点からだけ考えるのではなく、生態系における病気の意義や病原菌（〝病原〟菌という呼び名は人間の都合で付けたものである）の機能や役割を考えてみようと決めたのは、おそらく上のような思考と無関係ではない。

今でもそのような視点で研究に取り組んでいるわけであるが、森林の「日陰者」と私がよんでいる菌類はなかなか強者で、簡単には私たちにその真の姿を見せてはくれない。研究者の発想や能力が試されているようなものである。とはいえ、森林における機能や役割という視点で菌類をとらえ、深く考えたり研究を進めたりすると、何かしら新しい発見があるし、これまでにも多くの先達によっておもしろい事実が明らかにされていた。

日常の生活では、厄介者の「かび」としか認識されていない菌類が、樹木などと直接にあるいは間接に密接な関係を持ち、生態系の構成者としてそのシステムが維持されるのになくてはならない重要な働きをしているのである。そうであれば、その働きについて多くの人々に知ってもらいたいと思うのが、研究者のもう一つの習性である。力不足と承知の上で、本書の執筆を引き受けた最大の理由である。

本書が多様性というキーワードを満足させたものに仕上がっているかというと、まことに心許ない。しかし、森林の菌類（の生活）についてできるだけ多くの事柄を、平易に紹介しようと努めたつもりである。本書がきっかけで、少しでも菌類（かびやきのこ）のことを身近に感じ、興味を持ってくださった読者の方がいれば幸いである。

本書は多くの友人や先輩方の協力を得てようやく完成することができた。秋庭満輝さん、遠藤晃さん、太田祐子さん、北島博さん、小林享夫さん、中村克典さん、前原紀敏さん、真宮靖治さん、宮崎和弘さんには原稿の一部、あるいはすべてを読んでいただき、それぞれの立場から貴重な意見や助言をいただいた。できる限り参考にさせていただいたが、すべてを採用したわけではない。文中記述の誤りや理解しがたいところがあるとすれば、それは著者自身の責任である。また、多くの方々より写真や資料を提供していただいたり、文献を紹介していただいたりした。明間民央さん、阿部恭久さん、伊藤進一郎さん、鎌田直人さん、楠木学さん、窪野高徳さん、小南陽亮さん、服部力さん、松田陽介さん、山口岳広さん、吉村文彦さんにはこの場を借りてお礼申し上げたい。大木千波さんには本書のためにすてきなイラストを描いていただいた。

森林の菌類の機能や役割を考えるにあたり、以前に同様な趣旨で一緒に本を企画した金子繁さんとの議論が、自分の考えを整理する際に非常に有効であった。関伸一さんには、私が現実逃避に陥った際に、くだらない長時間の論議に根気よくつきあっていただいた。感謝したい。現在の同僚である石原誠さん、秋庭満輝さん、研究室の雑用を一手に引き受けてくださっている福島洋子さん、東北で一緒に研究した伊藤進一郎さん、窪野高徳さんはもとより、森林総研東北支所および九州支所の多くの方々には、研究のみならずさまざまな点でお世話になっている。深く感謝している。

私の自然に対するものの見方、考え方は、私が植物の病気を研究する端緒を与えてくださった小倉寛典先生（故人）に強く影響を受けており、本書も少なからずその影響下にあることは否めない。心から感謝したい。

東海大学出版会の稲英史さんには、執筆中終始、暖かい励ましをいただいた。なかでも、時として舞い込む「進捗状況はいかがでしょうか」というごく短いメールは迫力のあるものであった。気長に原稿を待っていただいたことに感謝したい。

最後に、私の仕事にはまったく関心がないが、名ばかりの研究者だけにはならないようにと常々苦言を呈する妻、由起子、そして私が大学院に進学したいと言い出したとき、最初は反対していたが、最後には研究の道に進みたいというわがままを聞いてくれた父、吉郎、母、鈴子に感謝したい。

二〇〇四年三月

春薫る火の国熊本にて　　佐橋憲生

Webber J. F. (1981) A natural control of Dutch elm disease. *Nature* 292: 449-451.
Webber J. F. & Gibbs J. N. (1984) Colonization of elm bark by *Phomopsis oblonga*. *Transaction of the British mycological Society* 82: 348-351.
山村則男・早川洋一・藤島政博（1995）寄生から共生へ―昨日の敵は今日の友．シリーズ共生の生態学 6．pp. 229．平凡社
湯本貴和（1999）熱帯雨林．pp. 205．岩波書店．

４章

Arnolds E. (1991) Mycologists and nature conservation. In: *Frontiers in Mycology*. (ed. D. L. Hawksworth), pp. 243-264. CAB International, Wallingford.
Arnolds E. (1995) Problems in measurements of species diversity of macrofungi. In: *Microbial Diversity and Ecosystem Function*. (eds. D. Allsopp, R. R. Colwell & D. L. Hawksworth), pp. 337-353. CAB International, Wallingford.
服部　力（1999）菌類の多様性保全に向けて―菌類インベントリーの取り組み．日本菌学会報 40：54-57.
服部　力（1999）森林微生物の多様性とその保全．森林を守る―森林防疫研究 50 年の成果と今後の展望．（全国森林病虫獣害防除協会編）pp. 373-383．全国森林病虫獣害防除協会．
Hawksworth D. L., Minter D. W., Kinsey G. C. & Cannon P. F. (1997) Inventorying a tropical fungal biota: Intensive and extensive approaches. In: *Tropical Mycology* (eds. K. K. Janardhanan, C. Rajendran, K. Natarajan & D. L. Hawksworth), pp. 29-50. Science Publishers, Enfield.
Hyde, K. D. & Hawksworth, D. L. (1997) Measuring and monitoring of tropical microfungi. In: *Biodiversity of Tropical Microfungi*. (ed. K. D. Hyde), pp. 11-28. Hong Kong University Press. Hong Kong.
Jansen, A. L. and Lawrynowicz,.M. (eds.) (1991) *Conservation of Fungi and Other Cryptogams in Europe*. pp. 120. Lodz Society of Sciences and Arts. Lodz.
環境庁（編）（2000）改訂・日本の絶滅の恐れのある野生生物―レッドデータブック―植物Ⅱ（維管束植物以外）．pp. 429．財団法人自然環境研究センター．
Kuyper, T. W. (1994) Fungal species diversity and forest ecosystem functioning in the Netherlands. In: *Biodiversity, Temperate Ecosystems, and Global Change*. (eds. T. J. B. Boyle and C. E. B. Boyie), pp. 99-122. Springer-Verlag, Berlin, Heidelberg.
Lodge D. J., Hawksworth D. L. & Ritchie, B. J. (1996) Microbial diversity and tropical forest functioning. In: *Ecological Studies122. Biodiversity and Ecosystem Processes in Tropical Forest*. 前出．
長尾英幸（2001）菌類の“絶滅”はどこまで進んでいるか．科学　71：256-267.
根田　仁（1996）森林における野生きのこの多様性．森林科学　17:32-35.
Rossman, A. M., Tulloss, R. E., O'Dell, T. E. and Thorn, R. G. (1998) *Protocols for an All Taxa Biodiversity Inventory of Fungi in a Costa Rican Conservation Area*. Parkway Publishing Inc., Boone.
鷲谷いずみ・矢原徹一（1996）保全生態学入門―遺伝子から景観まで．pp. 270．文一総合出版．
矢原徹一・巌佐　庸・財団法人遺伝学普及会（編）（1997）生物多様性とその保全．遺伝別冊 No. 9．pp. 143．裳華房．

小川　真（1978）マツタケの生物学．pp. 326．築地書館．
Ohara H. & Hamada M. (1967) Disappearance of bacteria from the zone of active mycorrhizas in *Tricoloma matsutake* (S. Ito et Imai) Singer. *Nature* 213: 528-529.
太田祐子（1999）日本におけるナラタケ属菌について．森林防疫 48：47-55.
Packer A. & Clay K. (2000) Soil pathogens and spatial patterns of seedling mortality in a temperate tree. *Nature* 404: 278-281.
Sahashi N., Akiba M., Ishihara M., Miyazaki K. & Seki S. (2010) Distribution of genets of *Cylindrobasidium argenteum* in a river valley forest as determined by somatic incompatibility, and the significance of basidiospores for its dispersal. *Mycological Progress* 9:425–429.
Sahashi N., Kubono T., Miyasawa Y. & Ito S. (1999) Temporal variations in isolation frequency of endophytic fungi of Japanese beech. *Canadian Journal of Botany* 77: 197-202.
Sahashi N., Kubono T. & Shoji T. (1994) Temporal occurrence of dead seedlings of Japanese beech and associated fungi. *Journal of the Japanese Forestry Society* 76: 338-354.
Sahashi N., Kubono T. & Shoji T. (1995) Pathogenicity of *Colletotrichum dematium* isolated from current-year beech seedlings exhibiting damping-off. *European Journal of Forest Pathology* 25:.145-151.
Sahashi N., Miyasawa Y., Kubono T. & Ito S. (2000) Colonization of beech leaves by two endophytic fungi in northern Japan. *Forest Pathology* 30: 77-86.
Sakai S., Kato M. & Nagamasu H. (2000) *Artocarpus* (Moraceae)-gall midge pollination mutualism mediated by a male-flower parasitic fungus. *American Journal of Botany* 87: 440-445.
Sinclair W. A., Lyon H.H. & Johnson W.T. (1987) *Diseases of Trees and Shrubs*. pp. 574. Cornell University Press.
鈴木和夫（1996）森林における菌類の生態と病原性—ナラタケの謎—　森林科学 17：41-45.
Tainter F. H. & Baker F. A. (1996) *Principles of Forest Pathology*. pp. 805. John Wiley & Sons, Inc.
Tanaka H. & Kominami Y. (2002) Seed dispersal. In: *Ecological Studies 158. Diversity and Interaction in a Temperate Forest Community-Ogawa Forest Reserve of Japan*. (eds. T. Nakashizuka & Y. Matsumoto), pp. 109-125. Springer-Verlag Tokyo.
寺下高喜代（1973）広葉樹の炭そ病菌に関する研究—特にその潜在性について—．林業試験場研究報告　252：1-85.
徳重陽山・清原友也（1969）マツ枯死木中に生息する線虫 *Bursaphelenchus* sp. 日本林学会誌　51：193-195.
上山昭則（1983）植物と病気の話．pp. 179．研成社．
Ullich R. C. & Anderson J. B. (1978) Sex and diploidy in *Armellaria mellea*. *Experimental Mycology* 2: 119-129.
鷲谷いづみ・大串隆之（編）（1993）動物と植物の利用しあう関係．シリーズ地球共生系 5．pp. 286．平凡社．

Gibbs J., Brasier C. & Webber J. (1994) Dutch elm disease in Britain. *Research Information Note* 252. The Research Division of the Forestry Authority.
Griffin G. J. (200) Blight control and restoration of the American chestnut. *Journal of Forestry* 98(2): 22-27.
浜田　稔・小原弘之 (1970) マツタケ—人工培養の試み. pp. 143. 農山漁村文化協会.
長谷川絵里・福田健二・鈴木和夫 (1991) ナラタケの生物学的種. 日本林学会誌 73：315-320.
Hiratsuka Y. (1987) Forest tree diseases of the prairie provinces. *Information Report NOR-X-286*, Northern Forestry Centre, Canadian Forestry Service. pp. 142.
今関六也 (1988) 森の生命学／つねに菌とともにあり. pp. 261. 冬樹社.
石狩川源流原生林総合調査団 (編) (1955) 石狩川源流原生林総合調査報告. pp. 393. 旭川営林局.
鎌田直人 (1995) ブナアオシャチホコの個体群動態. 東京大学大学院農学系研究科博士論文. pp. 174.
鎌田直人・佐藤大樹 (1998) 生物どうしの関係が保つ安定性. ブナ林をはぐくむ菌類 (金子　繁・佐橋憲生編). pp. 153-205. 文一総合出版.
Kaneko S., Yokosawa Y. & Kubono T. (1988) Bud blight of *Rhododendron* trees caused by *Pycnostysanus azaleae*. *Annals of the Phytopathological Society of Japan* 54: 323-326.
岸　國平 (編) (1998) 日本植物病害大辞典. pp. 1276. 全国農村教育協会.
清原友也・徳重陽山 (1971) マツ生立木に対する線虫 *Bursaphelenchus* sp. の接種試験. 日本林学会誌　53：210-218.
Kubono T. (1994) Symptom development of the twig blight of Japanese cedar caused by *Gloeosporidina cryptomeriae*. *Journal of the Japanese Forestry Society*. 76: 52-58.
窪野高徳 (1996) スギ黒点枝枯病の伝染環. 日本林学会誌　78：162-168.
Kubono T. & Hosoya T. (1994) *Stromatinia cryptomeriae* sp. nov., the teleomorph of *Gloeosporidina cryptomeriae* causing twig blight of Japanese cedar. *Mycoscience* 35: 279-285.
倉田益二郎 (1949) 菌害回避更新論. 日本林学会誌　31：32-34.
楠木　学・秋庭満輝・石原　誠・池田武文・河邉祐嗣 (1992) 山姥の休め木 (絹皮病) の謎と働き. 九州の森と林業 50：1-4.
Kusunoki M., Kawabe Y., Ikeda T. & Aoshima, K. (1997) Role of birds in dissemination of the thread blight disease caused by *Cylindrobasidium argenteum*. *Mycoscience* 38: 1-5.
Masuya H., Brasier C., Ichihara T., Kubono T. & Kanzaki N. (2010) First report of the Dutch elm disease pathogens *Ophiostoma ulmi* and *O. novo-ulmi* in Japan. *Plant Pathology* 59:805.
松田裕之 (1995)「共生」とは何か—搾取と競争をこえた生物どうしの第三の関係. pp. 230. 現代書館.
Milgroom M. G., Wong K., Zhou Y., Lipari S. E. & Kaneko S. (1996) Intercontinental population structure of the chestnut blight fungus, *Cryphonectoria parasitica*. *Mycologia* 88: 179-190.
百瀬邦泰 (2003) 熱帯雨林を観る. pp. 214. 講談社.

996-1004.
生物多様性政策研究会(編)(2002)生物多様性キーワード事典. pp. 247. 中央法規出版.
Stierle A., Strobel G. & Stierle D. (1993) Taxol and Taxane production by *Taxomyces andreanae*, an endophytic fungus of Pacific yew. Science 260: 214-216.
Stone J. K. (1987) Initiation and development of latent infection by *Rhabdocline parkeri* on Douglas-fir. *Canadian Journal of Botany* 65: 2614-2621.
Stone J. K., Sherwood M. A. & Carroll G. C. (1996) Canopy microfungi: Function and diversity. *Northwest Science* 70: 37-45.
Stone J. K., Viret O., Petrini O. & Chapela I. H. (1994) Histological studies of host penetration and colonization by endophytic fungi. In: *Host Cell Wall Alterations by Parasitic Fungi* (eds. O. Petrini & G. B. Ouellette), pp. 115-126. American Phytopathological Society Press. St. Paul.
椿　啓介 (1995) カビの不思議. pp. 211. 筑摩書房.
鷲谷いずみ・矢原徹一 (1996) 保全生態学入門—遺伝子から景観まで. pp. 270. 文一総合出版.
山田秀明 (1990) 微生物に無限の可能性を求めて. pp. 91. 三田出版会.
矢原徹一・巌佐　庸・財団法人遺伝学普及会 (編) (1997) 生物多様性とその保全. 遺伝別冊 No. 9. pp. 143. 裳華房.

3章

Agrios G. N. (1997) *Plant Pathology*, 4 th. ed. 前出.
Blanchard R. O. & Tattar T. A. (1997) *Field and Laboratory Guide to Tree Pathology*, 2nd ed. pp. 358. Academic Press.
Brasier C. (1996) New horizons in Dutch elm disease control. *Report on Forest Research* 1996: 20-28. Forestry Commission, Edinburgh, U.K.
Braisier C. M. & Mehrotra M. D. (1995) *Ophiostoma himal-ulmi* sp. nov., a new species of Dutch elm disease fungus endemic to the Himalayas. *Mycological Research* 99: 205-215.
Butin, H. (1989) *Krankheiten der Wald- und Parkbäume. Diagnose- Biologie- Bekämpfung*. pp. 216. Georg Thieme Verlag Stuttgart. New York.
Carroll G. C. (1986) The biology of endophytism in plants with particular reference to woody perennials. In: *Microbiology of the Phyllosphere*. 前出.
Carroll G. C. (1989) Fungal endophytes in stem and leaves: from latent pathogen to mutualistic symbiont. 前出.
程　東昇 (1989) エゾマツの天然更新を阻害する暗色雪腐病菌による種子の地中腐敗病. 北海道大学農学部演習林研究報告　46：529-575.
Claydon N., Grove J. F. & Pople M. (1985) Elm bark beetle boring and feeding deterrents from *Phomopsis oblonga*. *Phytochemistry* 24: 937-943.
Freeman S. & Rodriguez R. J. (1993) Genetic conversion of a fungal plant pathogen to a nonpathogenic, endophytic mutualist. *Science* 260: 75-79.
二井一禎 (2003) マツ枯れは森の感染症—森林微生物相互関係論ノート. pp. 222. 文一総合出版.

Andrews & S. S. Hirano), pp. 179-197. Springer-verlag, New York.
Redlin S. C. & Carris L. M. (eds.) (1996) *Endophytic Fungi in Grasses and Woody Plants*. pp. 223. APS press, St. Paul.
Smith S. E. & Read, D. J. (1997) *Mycorrhizal Symbiosis*, 2nd ed. pp. 605. Academic Press.
鈴木和夫（編著）（1999）樹木医学．pp. 325．朝倉書店．
只木良也（1988）森と人間の文化史．pp. 211．日本放送出版協会．
上山昭則（1983）植物と病気の話．pp. 179．研成社．
山口英世（企画）（1999）特集・かびの世界と人の暮らし．遺伝 53（6）：11-47．
安田喜憲（1996）森の日本文化—縄文から未来へ　pp. 233．新思索社．

2章

Hawksworth D.L. (1991) The fungal dimension of biodiversity: magnitude, significance, and conservation. *Mycological Research* 95: 641-655.
イボンヌ・バスキン（2001）生物多様性の意味—自然は生命をどう支えているのか（藤倉　良訳）．pp. 300．ダイヤモンド社．
井上民二（1998）生命の宝庫・熱帯雨林．pp. 213．日本放送協会出版．
井上民二（2001）熱帯雨林の生態学．pp. 347．八坂書房．
金子　繁・佐橋憲生・服部　力（1992）森林の中の菌類—樹木寄生菌を中心にして．Biosphere 3: 3-10. 農村文化社．
環境庁（編）（2000）改訂・日本の絶滅の恐れのある野生生物—レッドデータブック—植物Ⅱ（維管束植物以外）．pp. 429．財団法人自然環境研究センター
Kirk P. M., Cannon P. F., David J. C.& Stalpers (eds.) (2001) *Ainsworth & Bisby's Dictionary of The Fungi*, 9th ed. pp. 655. CABI Publishing, Wallingford.
Lodge D. J., Hawksworth D. L. & Ritchie, B. J. (1996) Microbial diversity and tropical forest functioning. In: *Ecological Studies122. Biodiversity and Ecosystem Processes in Tropical Forest*. (eds. G. Orians, R. Dirzo & J. H. Cushman), pp. 69-100. Springer-Verlag, Berlin.
メイ R. M.（1992）地球上には何種の生物がいるのか（巖佐　庸訳）．日経サイエンス 122（2）：40-49．
三瀬勝利（2001）遺伝子組み替え食品の「リスク」．pp. 254．日本放送出版協会．
宮本英樹（2000）細菌の逆襲が始まった．pp. 198．河出書房新社．
村尾澤夫・藤井ミチコ・荒井基夫（1995）くらしと微生物（改訂版）．pp. 189．培風館．
Rodriguez R. J. & Redman R. S. (1997) Fungal life-styles and dynamics: Biological aspects of plant pathogens, plant endophytes and saprophytes. *Advances in Botanical Research* 24: 169-193.
坂口謹一郎（1980）日本の酒．pp. 206．岩波書店．
Schmitt J. A. (1991) Present status and causes of decline of the fungus flora in West Germany, especially Saarland. In: *Conservation of Fungi and Other Cryptogams in Europe*. (eds. A. L. Jansen & M. Lawrynowicz), pp. 30-41. Lodz Society of Sciences and Arts. Lodz.
Schulz B., Boyle C., Draeger S., Römmert, A-K. & Krohn K. (2002) Endophytic fungi: a source of novel biologically active secondary metabolites. *Mycological Research* 109:

参考文献

1章

Agrios G. N. (1997) *Plant Pathology*, 4 th. ed. pp. 635. Academic press.
アレン M. F. (1995) 菌根の生態学（中坪孝之・堀越孝雄訳）. pp. 201. 共立出版.
Carroll G. C. & Carroll F. E. (1978) Studies on the incidence of coniferous needle endophytes in the Pacific Northwest. *Canadian Journal of Botany* 56: 3034-3043.
Carroll G. C. (1986) The biology of endophytism in plants with particular reference to woody perennials. In: *Microbiology of the Phyllosphere*. (eds. N. J. Fokkema & van den Heuvel), pp. 205-222. Cambridge University Press. Cambridge, U.K.
Carroll G. C. (1989) Fungal endophytes in stem and leaves: from latent pathogen to mutualistic symbiont. *Ecology* 69: 2-9.
Cavalier-Smith T. (1998) A revised six-kingdom system of life. *Biological Review* 73: 203-266.
Clay K. (1989) Clavicipitaceous endophytes of grasses: their potential as biocontrol agents. *Mycological Research* 92: 1-12.
二井一禎・肘井直樹（編）(2000) 森林微生物生態学. pp. 322. 朝倉書店.
今関六也（1988）森の生命学／つねに菌とともにあり. pp. 261. 冬樹社.
井上　勲（1996）真核光合成生物の多様性をもたらしたもの. 科学 66：255-263.
井上　勲（2005）第20回国際生物学賞はT･カバリエ－スミス博士に—現代生物進化学，系統分類学の牽引役—，遺伝 59(1)：22-25.
柿嶌　真（2001）生物８界説にもとづく菌類の分類. 植物防疫 55：377-383.
金子　繁・佐橋憲生（編）(1998) ブナ林をはぐくむ菌類. pp. 229. 文一総合出版.
菊池淳一（1999）森林生態系における外生菌根菌の生態と応用. 日本生態学会誌 49：133-138.
吉良竜夫（2001）森林の環境・森林と環境　pp. 368. 新思索社.
小林義雄（1975）菌類の世界—驚異の生命力と生態を見る. pp. 252. 講談社.
古賀博則（1997）エンドファイトを利用した農作物の改良. 分子レベルからみた植物の耐病性. pp. 85-88. 細胞工学別冊　植物細胞工学シリーズ８. 秀潤社.
古賀博則（1998）エンドファイトによる作物への耐病虫性付与. 農業環境を守る微生物利用技術（西尾道徳・大畑貫一編）. pp. 111-124. 農林水産技術情報協会.
熊崎　実（2001）自然と暮らしの解離—それは森から始まった. 科学 72：59-65.
真宮靖治（編）(1992) 森林保護学. pp. 262. 文永堂出版.
松山利夫・山本紀夫（編）(1992) 木の実の文化史. pp. 265. 朝日新聞社.
宮地　誠（1995）人に棲みつくカビの話. pp. 197. 草思社.
日本土壌微生物学会（編）(2003) 新・土の微生物（10）研究の歩みと展望　pp. 210. 博友社.
小川　真（1992）菌と植物の共生. シリーズ地球共生系２. さまざまな共生—生物種間の多様な相互作用（大串隆之編）. pp. 25-51. 平凡社.
Petrini O. (1991) Fungal endophytes of tree leaves. In: *Microbiology of Leaves*. (eds. J. H.

【フ】

【ヘ】

【ソ】

【タ】

【チ】

【ツ】

【テ】

【ス】

【セ】

【カ】

【キ】

項目

【ア】

【イ】

【ウ】

【エ】

【オ】

索　引

学名

著者紹介

佐橋(さはし)　憲生(のりお)

1958年（昭和33年）生まれ。京都大学大学院農学研究科博士後期課程修了、農学博士。現在、森林総合研究所森林微生物研究領域森林病理研究室長。

専門は樹病学（植物病理学）、森林微生物生態学。研究テーマは森林生態系における菌類の機能や役割に関する研究。

主な著書に、『ブナ林をはぐくむ菌類』（文一総合出版、共編著）『森林微生物生態学』（朝倉書店、分担執筆）ほか。

装丁：中野達彦

日本の森林／多様性の生物学シリーズ—②

菌類(きんるい)の森(もり)

2004年５月20日　第１版第１刷発行
2011年４月５日　第１版第３刷発行

著　者　佐橋　憲生
発行者　安達　建夫
発行所　東海大学出版会
〒257-0003 神奈川県秦野市南矢名3-10-35
東海大学同窓会館内
電話 0463-79-3921　振替 00100-5-46614
URL http://www.press.tokai.ac.jp/
印刷所　港北出版印刷株式会社
製本所　誠製本株式会社

ISBN978-4-486-01638-0